우리동네 인기 요리선생님 10인의 '꼭! 꼭!' 숨겨둔 비법 상차림 가이드

손님초대상부터 이색테마 상차림까지

내가 차린 **테마별 상차림 14가지**

neoimage
네오이마주

Contents

Party is always Happy!

늘 남을 위해 음식을 차리고, 테이블을 세팅하는 요리연구가 10인이 오늘은 파티를 즐기기 위해 한 자리에 모였다.
오늘만큼은 한껏 멋을 부려 파티의 주인공이 되기로 했다. 맛있는 와인, 케이크, 꽃이 그 자리를 더 빛내 주었고,
파티를 제대로 즐기기 위해 무엇을 해야 하는지 10인의 요리연구가가 그동안 쌓아온 상차림 노하우를 공개하였다.

Prologue

\-
김지선 선생님

"저는 요리할 때 접시 위에 다채로운 색을 입히고, 다양한 맛의 조화를 생각하며 준비하는 과정이 재미있고 즐거워요."

\-
박경아 선생님

" '엄마는 밥이다.' 밥상에서 전해지는 엄마의 사랑이 가족이 건강해질 수 있는 에너지의 근원이라는 요리철학으로 엄마들을 부엌으로 불러봅니다."

\-
김남민 선생님

"사랑하는 사람들과 맛있는 음식을 함께 먹을 때가 가장 행복해요. 피아노를 전공한 제가 요리를 사랑하게 된 이유랍니다."

\-
박민재 선생님

"조각가의 꿈을 지금은 요리로 표현하고 있어요. 맛과 멋이 있는 테이블은 서로를 즐겁게 소통하게 해주는 최고의 예술활동이라고 생각해요."

–
박은경 선생님

"주부가 되고 나서 주부에게 필요한 진짜 요리를 찾다가 요리선생님이 되었어요. 실생활에 도움이 되는 요리와 유치원 교사 출신의 능력을 십분 발휘한 키즈쿠킹도 진행하고 있죠."

–
곽향숙 선생님

"음식에 관한 일을 하다보니 더 전문적이고 체계적으로 배우고 싶어 요리를 시작했어요. 자연과 함께 하는 요리, 늘 먹어도 몸이 거부하지 않는 그런 음식을 전달하고 싶어요."

–
원경숙 선생님

"사람을 행복하게 해주는 맛있는 요리. 사람을 미소짓게 해주는 예쁜 꽃. 요리와 꽃은 서로 하나인듯 잘 어울리죠. 식탁에 꽃 한 송이가 요리를 더 맛나게, 따뜻한 자리를 만들어요."

–
이영희 선생님

"정확한 레시피만큼 정직한 맛은 없다고 생각해요. 요리를 두려워하는 사람들에게 '쉽게 ! 맛있게 ! 건강하게 !' 직접 만들어 먹을 수 있는 레시피를 가르쳐 주는 것이 보람찹니다."

–
염미애 선생님

"한식, 양식, 일식 등 다양한 요리를 직접 만드는 매력에 쏙 빠졌어요. 내가 만든 음식을 맛있게 먹어주는 모습을 볼 때는 말로 설명할 수 없는 짜릿한 감동이 있어요."

–
최윤정 선생님

"집에서 직접 만들어 먹는 홈베이킹의 매력은 먹는 즐거움 뿐 아니라 함께 만드는 매력까지 있어요. 특히 아이들과 함께 하는 요리 시간은 감성 발달에도 큰 도움을 주더라고요."

10인의 요리선생님을 소개합니다!

곽향숙 선생님

경상남도 김해 장유
'쿠킹 소반' 쿠킹클래스 운영
E_ ropp101@daum.net

김남민 선생님

울산
'바닐라' 쿠킹클래스 운영
E_ namminy@naver.com

김지선 선생님

서울 잠원동
'good mother kitchen' 쿠킹클래스 운영
E_ igoodmother@naver.com

박경아 선생님

서울 청담동
'Kkong's Kitchen' 쿠킹클래스 운영
E_ partymom@naver.com

박민재 선생님

강원도 춘천
'민재의 키친' 쿠킹클래스 운영
E_ missymj@naver.com

박은경 선생님

경기도 일산
'Babsang Cooking' 쿠킹클래스 운영
E_ ek6551@daum.net

염미애 선생님

경상북도 구미
'작업실 808' 쿠킹클래스 운영
E_ duaaldo11@naver.com

원경숙 선생님

경기도 부천 상동
'MaMa Cook' 쿠킹클래스 운영
E_ shinjk04@naver.com

이영희 선생님

서울 금호동
'나온 쿠킹' 쿠킹클래스 운영
E_ lyhss2000@naver.com

최윤정 선생님

경상북도 경주
'홈베이커' 쿠킹클래스 운영
E_ home-baker@hanmail.net

내가 차린 테마별 상차림 14가지는요…

우리나라 전국 곳곳의 인기 있는 요리선생님 10인이 모였습니다.

10인의 선생님들은 각자의 지역에서 수강생들을 가르치는 인기 요리선생님으로 요리에 대한 정보를 공유하고 새로운 레시피에 대한 의견을 교환하기 위해 서울에서 한 달에 한 번 모임을 가졌습니다. 요리 공부도 하고 새로운 메뉴를 개발하는 등 요리에 대한 내공을 쌓는 시간이 되었습니다.

'책을 만들어볼까?'

우연한 기회에 툭 튀어나온 한 마디가 모두를 일심동체로 만들었고, 우리들만이 가진 알토란 같은 요리 노하우와 팁을 좀 더 많은 사람들에게 전달할 수 있는 방법이 없을까 하고 고민을 하게 되었습니다.

하지만 생각보다 쉽지 않았어요. 인터넷으로도 쉽게 모든 요리법이 검색되고, 서점에 나가 보면 수많은 요리책들이 자신을 뽐내고 있는데, 그리고 요리에 대한 관심이 트렌드인 요즘 어떤 책을 만들어야 10인의 선생님들이 마음속에 담고 있는 말들을 효과적으로 잘 전달해줄 수 있을까? 하는 것이 가장 큰 과제였습니다.

그래서 생각했습니다. 메인요리, 반찬 등과 같은 주제에 맞게 레시피만 전달해주는 것이 아니라 전혀 다른 주제를 잡아, 스토리텔링 형식으로 접근해보자는 생각을 하게 된 것입니다. 우선 우리에게 요리를 배우는 수강생들의 입장에서 생각해보기로 했습니다. 요리에 대한 그들의 고민이 무엇이며 어떤 것을 가장 원할까? 가장 궁금해 하는 것이 무엇일까? 어떤 내용을 담으면 그들이 좋아할까? 그 고민을 풀어줄 수 있는 좋은 방법이 없을까? 하고 선생님들과 머리를 맞대고 의견을 나누었습니다.

실제로 쿠킹클래스를 운영하는 선생님들이 생각하는 수강생들의 가장 큰 고민은 배운 요리를 조화롭게 구성하는 한상차림입니다. 요리가 좋아서 배우는 사람, 요리가 필요해서 배우는 사람 등 다양한 이유로 쿠킹클래스에 등록을 하지만 상차림에 대한 스트레스는 나름대로 어느 정도 다 가지고 있습니다. 테마에 따라서, 초대되는 손님에 따라서 어떻게 준비를 해야 하는지 늘 어려워 합니다. 여기에 착안해 선생님들과 그것을 풀어내는 답을 찾으려고 노력했습니다.

거창한 손님초대가 아니더라도 실제로 주말에 가족이 함께 모여 식사를 하는 것도 일종의 상차림입니다. 대충 먹을 수는 없으니까요. 나름대로 무엇을 해야 가족들이 맛있고 즐겁게 먹을 수 있을까 고민을 하고 이것저것 준비를 하게 되죠. 가족을 위한 한 끼의 상차림도 이렇게 간단한 일이 아닌데, 집안의 특별한 날이나 손님을 위한 상차림이라면 엄두도 안 나고 또 여간 스트레스가 쌓이는 일이 아닙니다.

그런 고민들에 대한 해답을 찾던 중 '상차림 = 파티'라는 등식을 만들었습니다. 먹고 배부르면 최고라는 예전과 달리 요즘은 아주 간단한 음식 하나를 먹더라도 어떻게 잘 먹느냐에 대한 인식이 중요해졌고, 음식이 문화가 되었습니다. 단순히 음식을 먹는 것이 아니라 음식이 서로를 소통하게 하는 중요한 매개 역할을 하게 되었습니다. 테이블 스타일링에 대해서도 관심이 많아졌습니다. 조금은 특별한 날 테이블에 센스있는 스타일링을 더한다면 초대하는 사람도 초대받는 사람들도 즐거움이 더 커지는 것은 당연한 일이 아닐까요?

집안의 작은 파티를 잘 치를 수 있도록 주제별로 나누어 준비했습니다. 부모님 효밥상, 남편 손님상차림, 에코 파티 상차림, 우리아이 생일 파티 상차림, 도시락 파티, 막걸리칵테일 파티 상차림, 애프터눈 티 파티 등 주제를 다양하게 나누어 아기자기하게 이야기를 만들고, 파티 분위기를 낼 수 있는 상차림까지 담은 책을 펴내기로 했습니다. 실제로 있을 법 하거나, 한 번쯤 이런 파티를 하고 싶다는 마음속 로망을 끌어낼 수 있는 이야기를 우리의 책에 담고 싶었습니다.

스토리텔링 형식의 요리책을 만들면서 가장 신경을 쓴 것은 누구나 쉽게 접근할 수 있는 레시피를 구성했다는 점입니다. 굳이 거창한 파티가 아니더라도 실생활에 두루 쓰일 수 있는 실용적인 메뉴로 구성했습니다. 쉬운 요리법과 특별한 요리법을 잘 조화시켜 양념을 제때에 사용해야 맛이 배가 되는 요리처럼 이런 양념같은 요소들을 책 곳곳에 배합해 놓았습니다.

손님상차림에 엄두가 나지 않는 주부라도 이 책을 따라하면 훌륭한 상차림을 만들 수 있도록 구성했습니다. 손이 많이 가는 음식이 아닌 조리법이 간단한 음식 위주로 몇 가지만 준비하더라도 손님들에게 깊은 인상을 남길 수 있는 방법을 담았습니다. 초대 받은 사람을 생각하는 작은 배려가 담긴 상차림이라면 감동은 몇 배가 더 커지기 마련이니까요.

3품만으로도 풍성하고 따뜻한 마음을 전할 수 있는 상차림부터 매년 돌아오는 단골테마 상차림까지 작은 센스 콕콕 짚어주는 친절함으로 책을 준비했습니다.

요리 선생님 각자의 경험이 고스란히 담긴 책이니만큼 독자 여러분들에게 살림의 지혜가 쌓이고, 손수 만든 음식으로 여러 사람들과 함께 기쁨과 행복을 나눌 수 있는 실용적인 지침서가 되길 10인의 요리선생님들은 간절히 바랍니다.

2014년 3월

10인의 요리선생님

요리초보를 위한 썰기 & 계량 가이드

요리를 하는데 가장 중요한 것이 정확한 계량이다. 요리선생님들도 이것만은 철저히 지킨다. 누구나 알아보기 쉽도록 계량하는 방법과 썰기에 대해 자세하게 설명했다. 레시피의 분량과 조리시간은 메뉴마다 별도로 표기했다. 모든 재료는 계량스푼을 이용했다.

대표적인 재료 썰기

나박썰기

채썰기

깍뚝썰기

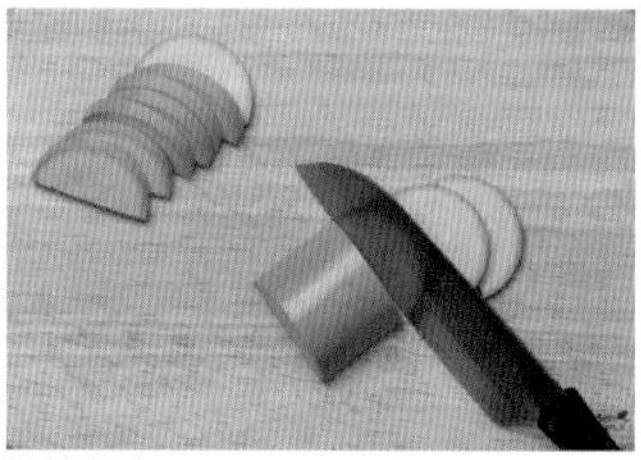
반달썰기

오이 돌려깎은 후 채썰기 ①

오이 돌려깎은 후 채썰기 ②

대추 돌려깎은 후 채썰기 ①

대추 돌려깎은 후 채썰기 ②

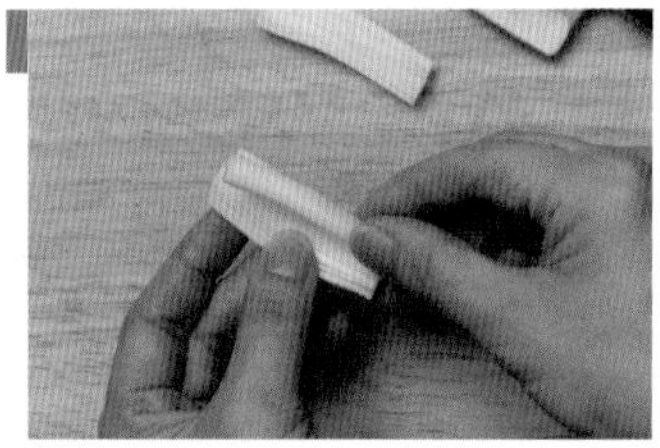
파 흰부분 채썰기 ①

파 흰부분 채썰기 ②

깻잎 채썰기

파 흰부분 다지기 ①

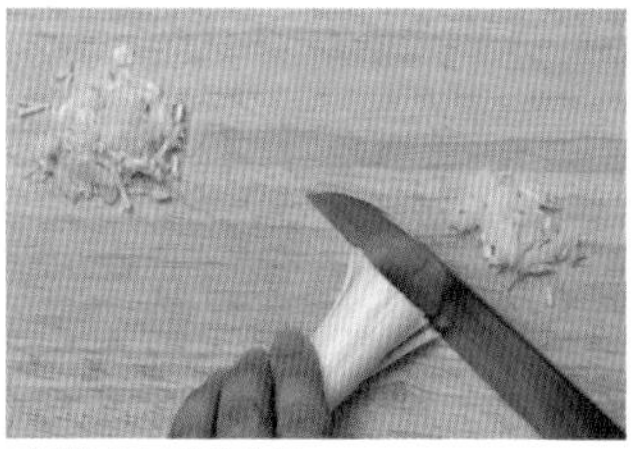
파 흰부분 다지기 ②

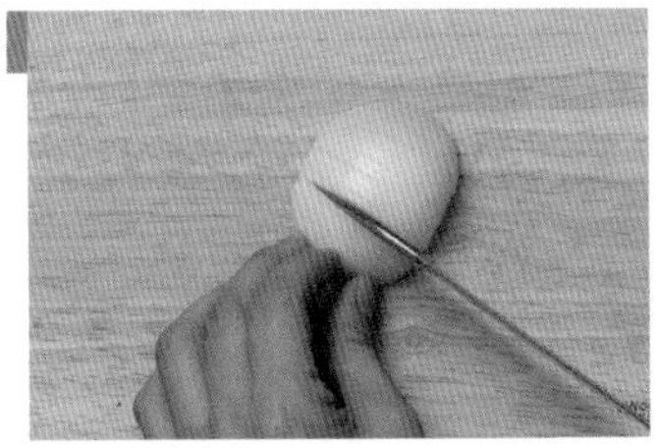
양파 다지기 ①

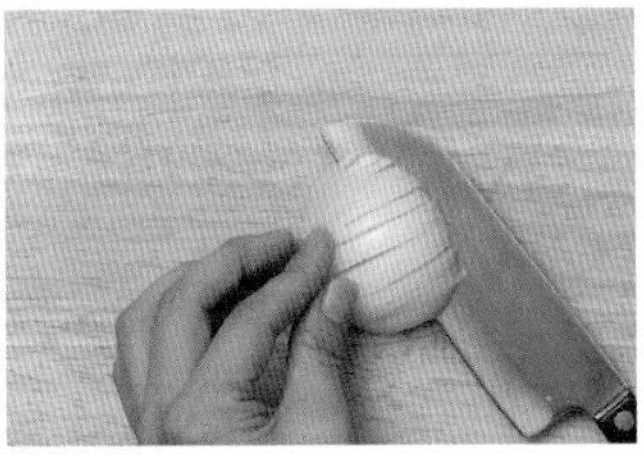
양파 다지기 ②

양파 다지기 ③

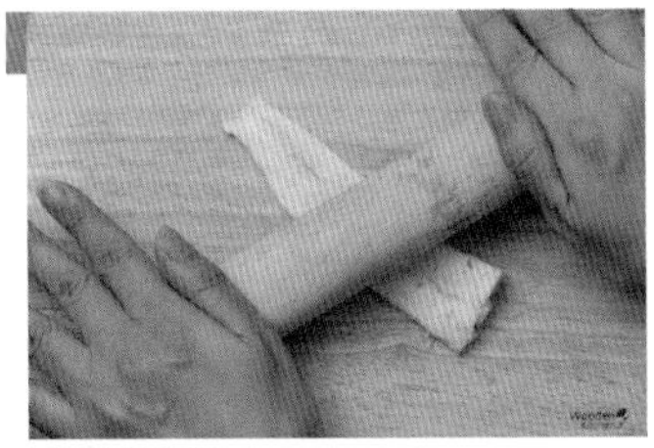
더덕 찢기 ①

더덕 찢기 ②

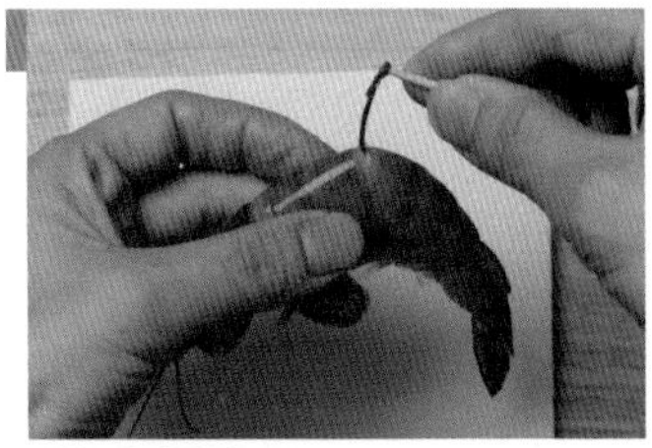
새우 내장빼기

전복 손질하기 ①

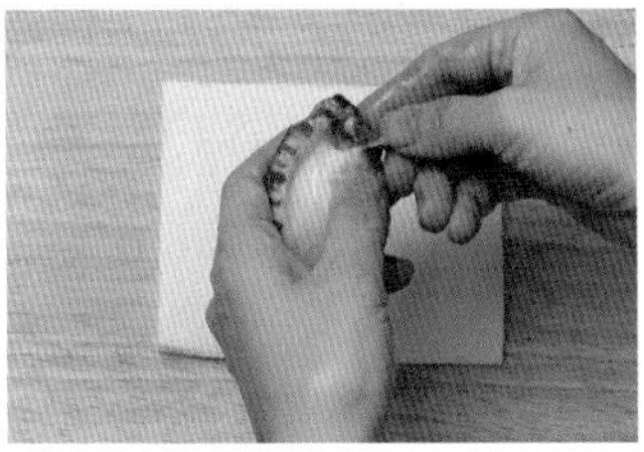
전복 손질하기 ②

전복 손질하기 ③

이렇게 계량했어요!

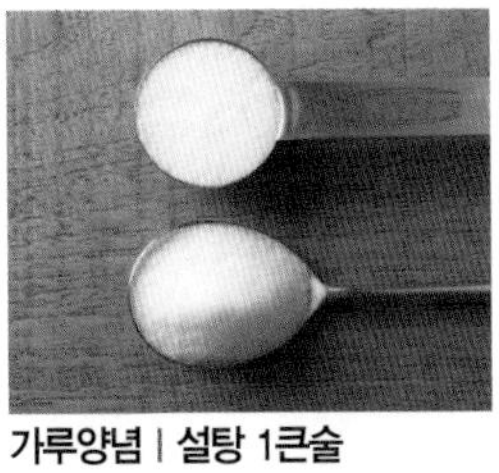
가루양념 | 설탕 1큰술

장류양념 | 고추장 1큰술

액체양념 | 간장 1큰술

물 1컵

소금, 굵은 소금 약간

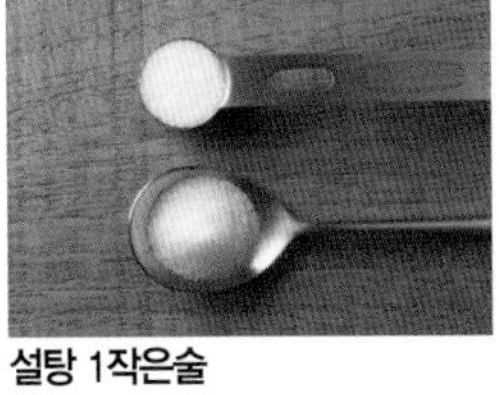
설탕 1작은술

고추장 1작은술

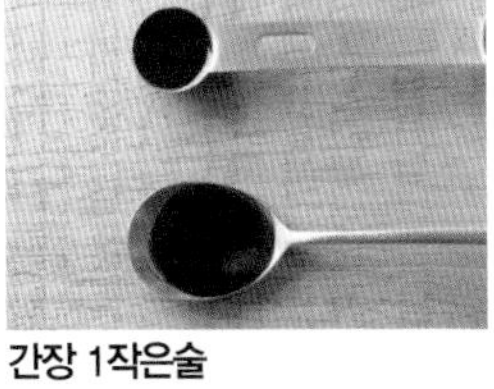
간장 1작은술

물 1컵

계량 단위 비교표

1큰술 = 15ml = 15cc = 1T
1작은술 = 5ml = 5cc = 1t
1컵 = 200ml = 200cc = 1C

PART 1.

7품으로 차리는 손님상

초대상차림만큼 번거롭고 신경 쓰이는 일이 또 있을까?

특히 그 대상이 어른이거나 남편의 친구라면 이보다 더 큰 고민은 없다.

옛말 중에 '자고로 손님 초대는 상다리가 부러지게 차려내는 게 미덕'이라는 말이 있지만,

옛말은 옛말일 뿐!

지금은 초대 받은 손님에 따른 맞춤형 메뉴 구성으로 센스를 더해주면 그것이 감동이고 정성이다.

꼭 필요한 메뉴만 콕! 짚어 준비한 상황별 7품 상차림을 소개한다.

» 맛은 기본, 배려와 정성으로 감동까지 **부모님을 위한 孝밥상**

» 우리 남편 기(氣) 팍팍 살려주는 **남편 손님을 위한 초대상차림**

» 채식주의자가 되어 즐기는 건강한 만찬 **채식으로 즐기는 에코 파티 상차림**

맛은 기본, 배려와 정성으로 감동까지

부모님을 위한 孝밥상

세월이 많이 변했다고 해도 부모의 마음은 똑같은가 봅니다.

며느리가 손수 차려주는 생일상에 감동하는 것은 변함이 없으니까요.

사실 훌륭한 레스토랑이 많은 요즘에 부모님께 집밥을 대접하는게 과연 무슨 의미가 있겠나 싶지만, 전략만 잘 세운다면 부모님께 이보다 더 큰 감동의 선물은 없답니다.

7품을 넘지 않는 가짓수에 요리 하나하나 부모님의 건강을 생각한 정성을 표현해보세요.

음식을 맛보기도 전에 감동을 받으실 테니까요. 여기에 손편지나 용돈봉투 등의 작은 센스까지 더 한다면 부모님께 1등 며느리로 자리매김하는 건 시간문제랍니다.

Check List

부모님의 건강을 체크할 것

드시면 좋은 음식과 안 되는 음식을 미리 체크해서 재료를 선택한다.

메인부터 후식까지 코스요리 따라 구성할 것

고급 한정식 못지않은 메뉴 구성으로 부모님이 충분히 대접받고 있음을 느끼실 수 있도록 준비한다.

센스가 돋보이는 소품을 준비할 것

시어머니께 물려받은 그릇을 사용한다든지, 손으로 직접 쓴 감사 편지 등으로 감동을 두 배로 선사한다.

밥상 위의 이야깃거리를 준비할 것

음식을 담아 먹는 방법 등에 작은 변화를 줘 부모님과의 이야기 화제를 만들어 자연스럽게 대화를 이어갈 수 있게 한다.

menu

- 콩죽
- 연근튀김샐러드
- 도미양파조림
- 떡갈비
- 더덕고추초무침
- 배추물김치
- 오미자화채

한식 상차림의 베스트 메뉴

떡갈비

재료

쇠고기(샤브샤브용) 600g, 밤 5개, 대추 5개, 영양부추 100g, 더덕 100g, 잣가루 약간

쇠고기양념 간장 $2\frac{1}{2}$~3큰술, 배즙 3큰술, 청주 2작은술, 맛술 1작은술, 설탕 2~3작은술, 다진 마늘 1큰술, 다진 파 2큰술, 꿀 1큰술, 참기름 $1\frac{1}{2}$큰술, 후춧가루 약간

채소무침양념 다진 마늘 2작은술, 다진 파 1큰술, 식초 2큰술, 고춧가루 4작은술, 설탕 4작은술, 소금 $\frac{2}{3}$작은술, 참기름 1큰술, 통깨 2작은술

만들기

1. 쇠고기는 키친타월로 싸서 핏물을 뺀다.
2. 밤과 대추는 다진다.
3. 핏물을 뺀 쇠고기는 쇠고기 양념, 다진 밤, 다진 대추를 넣고 잘 섞어서 10분 정도 재운 후 많이 치댄다.
4. 얇게 타원형으로 6~7등분해서 석쇠에 직화로 굽는다.
5. 영양부추는 다듬어서 물기를 털어낸 후 4㎝ 길이로 썬다. 더덕은 껍질을 벗겨 밀대로 눌러가면서 잘게 찢는다.
6. 영양부추와 더덕은 채소무침양념에 버무린다.
7. 그릇에 떡갈비를 담고 잣가루를 올린 후 채소무침을 곁들인다.

맛, 건강, 담음새까지 알찬 한 접시

도미양파조림

재료

도미 700g, 양파 2개, 대파 2대

도미밑간 생강술 6큰술, 레몬즙 2큰술, 소금 약간, 후춧가루 약간

양파조림장 간장 5큰술, 맛술 5큰술, 청주 5큰술, 마늘즙 2큰술, 마른 고추 2~3개, 후춧가루 약간

유자청소스 황설탕 3큰술, 유자청 2큰술, 맛술 2큰술, 간장 2큰술, 생강즙 1작은술, 후춧가루 약간

만들기

1. 도미는 비늘을 벗기고 아가미쪽으로 손을 넣어 내장을 빼낸 후에 깨끗이 씻는다.
2. 깨끗이 손질한 도미는 칼집을 어슷하게 넣은 후 10분 정도 밑간에 재운다.
3. 밑간한 도미는 예열된 200℃ 오븐에 25~30분 정도 굽는다.
4. 마른 고추는 어슷하게 잘라 씨를 털어 조림장재료와 섞고, 굵게 채썬 양파와 조림장재료를 같이 팬에 넣고 조린다.
5. 조린 양파 위에 구운 도미와 유자청소스를 넣고 다시 조린다. 밑에 있는 소스를 도미 위에 얹어 소스와 양파 맛이 스며들게 조린다.
6. 대파는 흰대 부분을 채썰어 얼음물에 넣어 비벼준 후 체에 밭친다.
7. 윤기나게 조린 도미를 접시에 담고 대파채를 곁들인다.

Tip_ 생강술 만들기

생강 2톨을 얇게 썰어 청주 1컵에 담가 놓았다가 생선이나 육류의 잡내를 없애고 싶을 때 그 위에 뿌려 사용합니다.

부드럽고 고소한 한식 스타일 에피타이저

콩죽

재료

흰콩 250g, 잣 3큰술, 찹쌀 120g, 생수 10컵, 맛타리버섯 150g, 참기름 1큰술, 소금 약간

만들기

1. 콩은 씻어서 생수 10컵 중 3컵에 하루 정도 불린다. 불린 콩과 물을 그대로 냄비에 넣고 끓으면 10분 정도 삶아 식힌다.
2. 찹쌀은 씻어 체에 밭친다.
3. ①의 삶은 콩과 콩물, 잣을 생수 10컵 중 2컵을 더 넣고 믹서에 간다.
4. 냄비에 찹쌀과 생수 10컵 중 물 2컵을 부어서 끓으면 ③을 넣고 푹 끓인다.
5. 남은 생수를 조금씩 더 넣어 가면서 농도를 맞추고 소금으로 간을 한다.
6. 맛타리버섯은 가늘게 찢어서 참기름에 볶다가 소금으로 간한다.
7. 그릇에 콩죽을 담고 위에 버섯을 올린다.

부모님 입맛을 확실하게 돋워줄 비밀 병기

배추물김치

재료

알배추 3kg, 양파 3개, 마늘 100g, 대파 5대, 청양고추 10개

배추절임물 물 5ℓ, 굵은 소금 450g~500g

김치국물 무 500g, 양파 300g, 생강 30g, 마늘 70g, 사과 1개, 배 2개, 홍고추 500g, 밥 50g+생수 1컵, 소금 75g, 생수 5컵

만들기

1. 배추는 절임물에 담가 6~8시간 정도 절인다. 중간에 위아래를 뒤집어준다. 깨끗이 헹군 후 체에 밭친다.
2. 양파는 채썰고, 마늘은 슬라이스한다. 대파는 3cm 길이로 썰고, 청양고추는 포크로 찔러 구멍을 낸다.
3. 김치국물의 재료인 밥+생수를 믹서에 곱게 간다.
4. 김치국물에 있는 무, 양파, 생강, 마늘, 사과, 배, 홍고추는 즙을 낸다.
5. ③과 ④, 소금, 생수를 섞어 김치국물을 만든다.
6. 보관용기에 절여진 배추, 양파, 마늘, 대파, 청양고추 순으로 켜켜이 담은 후 만들어 놓은 국물을 부어서 하루 정도 숙성시킨 후 냉장 보관한다.

정갈한 담음새가 돋보이는

더덕고추초무침

재료

더덕 100g, 아삭이고추 5개

더덕재움장 식초 2큰술, 설탕 2큰술, 파인주스 1큰술, 소금 약간

아삭이고추재움장 식초 1큰술, 설탕 1큰술, 파인주스 ½큰술, 소금 약간

초고추장 고추장 2큰술, 식초 1큰술, 설탕 1큰술, 다진 마늘 1작은술, 통깨 1작은술, 다진 홍고추 1큰술, 겨자초장 1작은술

겨자초장 연겨자 1큰술, 설탕 2큰술, 식초 2큰술, 레몬즙 1큰술, 소금 1작은술

만들기

1. 더덕을 깨끗이 씻은 후 껍질을 벗기고 5~6cm 길이로 도톰하게 썬다.
2. 고추는 씨를 털어내고 5~6cm 길이로 썬다.
3. 재움장을 만들어 더덕은 하룻밤, 고추는 2~3시간 정도 재운다.
4. 분량의 재료를 섞어 초고추장소스를 만든다.
5. 더덕과 고추를 접시에 담고 초고추장소스를 뿌려 낸다.

칼로리 낮춘 퓨전 건강 샐러드

연근튀김샐러드

재료

연근 1개(25㎝ 길이), 양상추 1통, 무순 1팩, 식초 1큰술, 카놀라유 적당량

소스 발사믹식초 1컵, 올리브오일 3큰술, 꿀 2큰술, 소금 ½작은술

만들기

1. 연근은 껍질을 벗긴 후 모양을 살려 얇게 슬라이스한다.
2. 볼에 슬라이스한 연근을 넣는다. 아린 맛과 전분기를 없애고 갈변을 방지하기 위해 연근이 잠길 만큼 물을 붓고 식초를 넣어 30분 정도 담가둔다.
3. 양상추는 먹기 좋은 크기로 뜯고, 무순과 같이 얼음물에 담갔다가 체에 밭쳐 물기를 뺀다.
4. 슬라이스한 연근은 물기를 제거하고 170℃ 카놀라유에 바싹 튀긴다.
5. 냄비에 먼저 발사믹식초를 넣고 절반으로 줄 때까지 졸인 후 꿀과 소금을 넣고 잘 저은 다음 불을 끈다. 올리브오일을 넣고 섞어 소스를 만든다.
6. 양상추를 그릇에 담고 연근튀김을 올린 뒤 무순을 올리고 먹기 직전에 소스를 뿌려 낸다.

시원하고 깔끔한 전통음료 디저트

오미자화채

재료

마른 오미자 ½컵, 생수 6컵, 설탕 1컵, 배 ⅙개

만들기

1. 마른 오미자는 물에 씻은 후 그릇에 담아 생수 6컵 중 2컵을 부어 하룻 밤을 우려낸다.
2. 우려낸 오미자는 면보에 밭친다.
3. 남은 생수 4컵에 설탕 1컵을 넣고 잘 섞은 후 우려낸 오미자물과 섞는다.
4. 배는 얇게 슬라이스해서 꽃모양으로 찍어 낸다.
5. 그릇에 오미자물을 담고 꽃모양의 배를 띄운다.

2% 센스로 200% 완성하는 상차림 Tip

1인 플레이트 세팅으로 고급스러운 상차림

집에서 차리는 상차림이지만 여느 고급 한정식 레스토랑 못지않는 스타일링으로 부모님이 대접 받는 느낌을 받을 수 있게 배려한다. 평소 잘 사용하지 않는 1인 매트를 사용하는 게 그 방법 중 하나인데, 패브릭 매트나 나무 매트 또는 자기로 만든 매트를 사용해 고급스러움을 강조한다.

섬세한 센스가 돋보이는 숟가락 받침

어른을 대접하는 상차림에 숟가락 받침을 사용하는 것은 상차림의 격을 높여주는 역할을 한다. 이때 플라스틱이나 화려한 컬러보다는 나무 또는 자기로 만든 숟가락 받침을 사용해 상차림의 전반적인 분위기와 잘 어울리게 해준다. 화단에서 작고 예쁜 돌을 주워 깨끗이 씻어 사용해도 좋다.

손으로 직접 쓴 손 편지 (또는 메뉴 리스트)

식사 초대에 참석해주셔서 고맙다는 인사를 적은 편지나 부모님의 건강을 생각한 메뉴에 대한 설명 하나하나를 적어 드린다. 이 상차림이 얼마나 정성이 담겼는지 느끼실 수 있도록…

재미있는 복주머니 소품으로 분위기 Up!

작은 복주머니를 준비해 선물이나 홍삼캔디 등 부담스럽지 않은 작고 귀여운 아이템을 담아 식후에 작은 이벤트로 드린다. 큰 선물은 아니지만 이런 이벤트 하나하나에서 즐거움과 감동을 느끼실 수 있다.

우리 남편 기(氣) 팍팍 살려주는

남편 손님을 위한 초대상차림

남편의 생일도, 집들이도 아닌 평범한 날에 남편의 직장동료들을 집에 초대해보세요. 준비되지 않은 갑작스런 초대로 보이되, 그 뒤에는 철저한 준비가 있어야 한다는 것이 이 초대상차림의 포인트랍니다. 자주 마시는 술과 흔한 안주 대신 스타일에 힘을 팍팍 준 특별한 퓨전 중식을 제안합니다. 고급 중식 레스토랑의 인기메뉴와 화려한 비주얼과 맛을 자랑하는 '유자화요칵테일'로 한껏 솜씨를 뽐내보세요.

다음날부터 출근하는 남편의 얼굴에 웃음꽃이 피지 않을까요?

이런 게 바로 21세기형 센스만점 아내죠!

Check List

상차림 콘셉트를 정할 것

식사를 위한 상차림인지, 술을 위한 상차림인지, 밥과 술을 겸한 상차림인지부터 결정한다. 밥과 술을 겸한 상차림일 경우 메인 요리에 힘을 주고, 식사는 간단한 누들이나 볶음밥으로 준비한다.

나만의 특별한 칵테일을 준비

남편의 친구들에게 확실히 점수를 얻을 수 있는 필살기 메뉴, 나만의 칵테일을 준비할 것. 고급스러움과 소박함의 적절한 조화가 가장 중요. 친숙한 맛의 증류소주와 상큼한 유자의 조화라면 쉽게 잊지 못할 맛으로 기억될 수 있다.

과감하고 톡톡 튀는 테이블 스타일링

과감하고 색다른 분위기의 테이블 세팅만으로도 손님들의 감동은 시작된다. 오리엔탈 스타일보다는 세련미가 가미된 퓨전 스타일이 좋겠다. 기본 화이트에 중식의 상징인 레드와 블루를 적절히 매치한다.

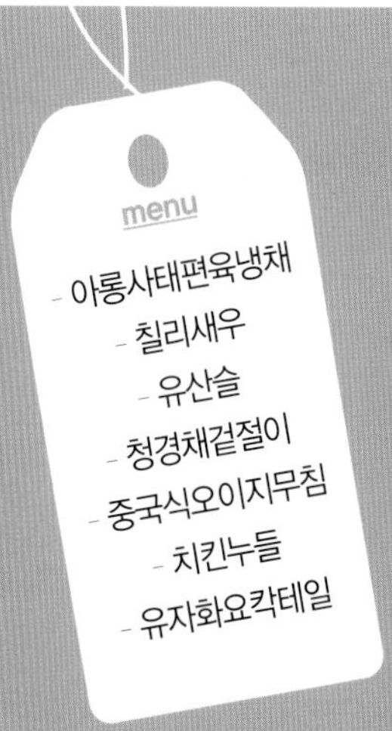

새콤달콤한 소스가 입맛 돋워주는데 딱~

아롱사태편육냉채

재료

쇠고기아롱사태 600g, 노랑파프리카 ½개, 주황파프리카 ½개, 양파 ½개, 오이 1개, 깻잎 10장

향신채소 양파 ¼개, 수삼 1뿌리, 대파 ½대, 통후추 1큰술

채소소스 레몬즙 2큰술, 포도씨오일 2큰술, 후춧가루 약간

소스 사태 삶은 국물 ¼컵, 간장 ¼컵, 식초 ¼컵, 설탕 2큰술, 참기름 ½큰술, 연겨자 1큰술, 후춧가루 약간

만들기

1. 고기는 1시간 정도 찬물에 담가 핏물을 뺀다.
2. 핏물 뺀 고기는 실로 묶어 고기가 잠길 정도의 물과 향신채소를 넣어 1시간 정도 삶아 그 물에서 식힌다.
3. 파프리카, 양파는 고운 채를 썰어 먼저 약간의 채소소스에 버무린다. 깻잎과 오이도 채썬다.
4. 고기가 식어 단단해지면 얇게 썬다.
5. 접시에 고기를 담고 채소도 모두 섞어 담고 소스를 곁들인다.

퓨전 중식에 빠져서는 안 될

칠리새우

재료

중하새우 20마리, 녹말가루 약간, 고추기름 2큰술, 다진 대파흰대 1컵,
다진 마늘 ½큰술, 쪽파 1대, 카놀라유 적당량

새우밑간 생강술 2큰술, 후춧가루 약간

칠리소스 고춧가루 1큰술, 케첩 5큰술, 두반장 ½큰술, 설탕 2큰술, 생수 3큰술, 고추기름 ½큰술, 식초 2큰술

만들기

1. 새우는 꼬리만 남기고 손질해 밑간에 10분간 재운다.
2. 밑간에 재운 새우는 체에 밭친 후 녹말가루를 묻힌다.
3. 170℃의 카놀라유에 새우를 튀긴다.
4. 충분히 달군 팬에 고추기름을 두르고 마늘과 파를 중약불에 충분히 볶는다.
5. 칠리소스를 넣고 바글바글 끓이다 어느 정도 소스가 졸아들면 튀긴 새우를 넣어 버무린다.
6. 그릇에 담고 쪽파로 장식한다.

Tip_ 새우 손질하기

새우는 나무꼬지로 등 두 번째 마디 부분을 찔러 내장을 제거하고, 머리는 떼어낸 다음 껍질을 벗긴다. 꼬리의 물주머니를 제거해야 기름 튀는 것을 방지할 수 있다.

술안주로도, 메인 메뉴로도 손색없는

유산슬

재료

갑오징어 2마리, 불린 해삼 100g, 새우살 150g, 채썬 쇠고기 200g, 표고버섯 6장, 죽순 ½통, 호부추 100g, 팽이버섯 1봉지, 포도씨오일 1½큰술, 참기름 ½큰술, 후춧가루 약간

향신채소 생강 1톨, 마늘 3알, 대파 1대

소스 간장 1½ 큰술, 청주 2큰술, 생수 1¼컵, 굴소스 1큰술

녹말물 녹말가루 : 물 = 1½큰술 : 1½큰술

만들기

1. 갑오징어와 불린 해삼, 죽순은 손질하여 채썬다. 새우는 내장을 뺀다. 표고버섯은 슬라이스한다. 호부추는 6~7㎝ 길이로 썰어 줄기와 잎부분으로 나눈다. 팽이버섯도 6~7㎝ 길이로 썬다.
2. 향신채소는 곱게 채썬다.
3. 포도씨오일을 두르고 향신채소를 볶다가 고기, 해물류, 표고버섯, 죽순, 호부추줄기, 팽이버섯과 호부추 잎부분 순으로 볶는다.
4. 다른 냄비에 소스를 끓이다가 ③의 팬에 부어 버무린 후 녹말물을 넣고 끓인다.
5. 참기름과 후춧가루를 넣어 마무리한다.

입안 가득 칼칼하고 개운한~

청경채겉절이

재료

청경채 400g, 소금 1큰술, 쪽파 10줄기, 통깨 약간

양념 까나리액젓 2큰술, 고춧가루 1~1½큰술, 매실청 2큰술, 다진 마늘1½~2작은술, 생강즙 1작은술

만들기

1. 청경채는 낱장으로 떼어 씻어서 비닐봉투에 소금과 같이 넣고 살짝 흔들어 1시간 정도 절인 후 깨끗한 물에 헹구어 체에 밭친다.
2. 청경채에 분량의 재료를 섞은 양념을 넣고 버무린다.
3. 5㎝ 길이로 썬 쪽파와 통깨를 넣고 다시 한 번 버무린다.

아삭아삭 씹히는 맛이 일품

중국식오이지무침

재료

오이지 5개, 쪽파 5줄기

양념 고추기름 1큰술, 두반장 1큰술, 설탕 ½큰술, 식초 1큰술, 참기름 ½큰술

만들기

1. 오이지는 채썰어 물에 담가 짠기를 뺀 후 물기를 꼭 짠다.
2. 쪽파는 5㎝ 길이로 썬다.
3. 양념을 팬에 넣고 한소끔 끓인 후 식힌다.
4. 오이지에 양념을 넣고 버무리다가 쪽파를 넣고 다시 한 번 버무린다.

시원하고 깔끔한 마무리

치킨누들

재료

닭다리(북채) 500g, 생강 1톨, 생수 7컵, 생소면 300g, 청경채 3포기, 대파 1대, 청주 1큰술, 소금 1큰술

만들기

1. 냄비에 생수와 편으로 썬 생강, 닭다리를 넣고 끓기 시작하면 중간불에서 30분 정도 끓인 후 체에 밭쳐 육수와 닭고기를 따로 받는다.
2. 닭다리는 한김 나가면 먹기 좋은 크기로 찢는다.
3. 받아놓은 닭육수에 찢어놓은 닭고기와 청주, 소금을 넣고 간을 맞추어 10분 정도 약불에 끓인다.
4. 상에 내기 전에 청경채를 1㎝ 폭으로 썰어 넣는다.
5. 소금을 약간 넣은 끓는 물에 삶은 생소면을 찬물에 충분히 헹구어 체에 밭친다.
6. 그릇에 생소면을 담고 끓인 ④를 부운 후 송송 썬 대파를 얹어낸다.

남편 친구 상차림의 화룡점정

유자화요칵테일

재료 (1컵 분량)

유자청 1큰술, 화요 또는 소주 1~2큰술, 얼음 4~5알, 토닉워터 ½컵, 영귤 또는 금귤 1개, 애플민트 적당량

만들기

1. 컵에 유자청을 넣는다.
2. 화요를 넣는다.
3. 얼음을 넣는다.
4. 토닉워터를 넣는다.
5. 슬라이스한 귤이나 영귤 한 조각을 넣는다.
6. 애플민트를 위에 올린다.

Tip_ 화요란?

화요는 주식회사 화요에서 생산하는 소주 브랜드입니다. 일반적인 소주가 아닌 누룩으로 발효한 술을 증류시켜 제조하는 증류식 소주입니다.

2% 센스로 200% 완성하는 상차림 Tip

단 하나만으로도 충분한 공단 매트

중식 스타일을 연출하기 위해 여러 가지 소품을 사용하기보다는 확실한 소품 한 개로 포인트를 주는 게 훨씬 세련된 스타일링이다. 화이트 테이블과 화이트 그릇들 사이에서 확실한 존재감을 보여주는 중국 스타일의 공단 매트는 군더더기 없이 테이블의 콘셉트를 나타내준다.

눈으로 마시고, 입으로 마시는 유자화요칵테일

화려한 비주얼만큼이나 맛도 화려한 유자화요칵테일은 먹는 즐거움 이전에 테이블에서 먼저 빛이 난다. 싱그러운 녹색 미니 화분과 함께 놓으면 고급레스토랑이 부럽지 않은 테이블을 만들어준다. 더운 여름밤에 준비하면 더 좋은 비밀병기.

독특한 치킨 누들 담음새로 테이블 스타일 Up

플랫한 접시 위주의 메뉴가 많은 중식이다보니 전체적인 테이블 세팅이 단조로울 수 있다. 이때 식사 메뉴로 준비한 치킨누들을 좀 더 재미있게 담아 색다른 분위기를 연출한다. 높이가 없는 접시 위주의 테이블에 포인트가 될 만한 미니볼을 투명 아크릴 트레이에 나란히 놓는다. 이때 같은 방법으로 칵테일과 꽃장식을 매치하면 메뉴가 테이블 세팅 아이템의 역할까지 하게 된다.

심플함 속에 포인트가 살아 있는 1인 플레이트

자칫 중식 상차림에서 오리엔탈 중식 느낌을 살리려다 촌스러운 중국집으로 전락하는 경우가 자주 있다. 화이트를 기본으로 최대한 심플함을 유지한다. 화이트 테이블보에 블루색깔의 매트를 매치하고, 그릇은 화이트 라인으로 깔끔하게 선택한다.

채식주의자가 되어 즐기는 건강한 만찬

채식으로 즐기는 에코 파티 상차림

요즘 채식주의자들이 늘어나면서 채식 레스토랑, 채식 카페 등이 많이 생기고 있습니다. 이효리, 이하늬 등 유명 연예인들도 채식 열풍에 합류하면서 많은 사람들이 채식에 관심을 보이고 있죠.

채식이 좋은 건 알고 있지만 하루아침에 유행 따르듯 할 수 있는 게 아닌 것 역시 채식입니다. 스트레스 받으면서 급하게 하기보다는 가벼운 마음으로 천천히 체험해보는 건 어떨까요?

친구들과 함께 콘셉트 파티의 하나로 채식 파티를 즐겨 보세요.

이왕 즐기는 채식 파티에 더 맛있는 음식과 스타일까지 챙긴다면 근사하지 않을까요?

Check List

채식 메뉴 식재료를 파악할 것

사전에 채식에 대한 공부를 하는 것이 중요하다. 이왕 준비하는 채식 상차림 체험이라면, 채식에 쓰이는 식재료부터 조리법까지 기본적인 지식을 습득하는 게 좋다. 무턱대고 채소만 잔뜩 올리는 무지한 파티가 되지 않으려면 말이다.

에코파티답게 야외 테이블 세팅 선택

'에코파티'라는 콘셉트에 맞게 자연 속에서 즐기는 식사를 준비해본다. 옥상이나 마당 등 야외공간에 테이블 세팅을 한다. 이때 그릇은 가벼운 유리 소재를 선택한다. 그릇에 담긴 음식들이 그대로 비쳐 마치 그릇을 사용하지 않은 것 같아야 자연과 잘 어우러지기 때문이다. 또한 테이블 위에 올리는 다양한 소품들도 자연에서 얻은 돌이나 풀, 나무 등이면 더 좋다.

에피타이저부터 디저트까지 채식 메뉴로 구성

채식을 체험해보자는 취지를 그대로 살려 엄격하게 모든 음식을 반드시 채식으로 올리는 것을 기본으로 한다. 디저트까지도 우유나 버터 등을 사용한 케이크나 쿠키 대신 채소나 과일 등으로 만든 것이면 좋다. 대신 평소에 육식과 친했던 입맛 등을 고려해 고기 대체 식품인 콩고기나 두부 등을 활용하면 훨씬 접근하기가 좋다.

menu

- 흑마늘소스샐러드
- 채소스프링롤
- 콩고기채소볶음
- 새싹두부조림
- 토마토물김치와 소면
- 당근젤리
- 레모네이드

달콤하고 알싸한 소스의 맛과 향이 일품인

흑마늘소스샐러드

재료

상추 100g, 빨강파프리카 ½개, 잣 1큰술, 건포도 1큰술

흑마늘소스 으깬 흑마늘 1큰술, 식초 ½~1큰술, 생수 1큰술, 간장 1큰술, 매실청 1큰술

만들기

1. 채소류는 깨끗이 씻어 물기를 제거한다.
2. 분량의 재료를 모두 섞은 흑마늘소스에 건포도를 넣어 1~2시간 정도 재운다.
3. 파프리카는 사각모양으로 작게 썬다.
4. 접시에 채소를 담고 건포도를 넣어 재운 소스와 파프리카, 잣을 뿌려 장식한다.

Tip_ 흑마늘 만들기

1. 통마늘을 먹을 만큼 준비해 씻지 말고 흙만 털어내고, 껍질은 까지 않습니다.
2. 전기밥솥에 넣고 보온으로 설정 후 2주 동안 기다립니다.(중간에 절대 뚜껑을 열지 않습니다.) 전기밥솥 위에 날짜를 써 붙여놓는 것도 좋은 팁!
3. 2주 뒤 꺼내고 선선한 곳에 일주일 정도 자연건조시킵니다.(그냥 먹어도 좋습니다.)
4. 밀폐용기에 넣어 냉장고에 보관합니다.

아삭하게 씹히는 채소들의 식감이 살아 있는

채소스프링롤

재료

라이스페이퍼 10장, 빨강파프리카 ½개, 주황파프리카 ½개, 노랑파프리카 ½개, 참나물 적당량, 곱게 채썬 양배추 1컵, 곱게 채썬 적채 ½컵, 깻잎 10장, 팽이버섯 1봉, 따뜻한 물 적당량

소스 까나리액젓 3큰술, 설탕 2큰술, 식초 2큰술, 핫소스 1큰술, 다진 마늘 1작은술, 다진 청 · 홍고추 1큰술씩

만들기

1. 파프리카는 채썰고, 참나물은 파프리카 길이만큼 썬다. 팽이버섯은 가닥가닥 뜯는다.
2. 소스는 미리 섞어둔다.
3. 따뜻한 물에 담가 부드러워진 라이스페이퍼 위에 깻잎을 먼저 깔고 그 위에 양배추, 적채, 파프리카, 팽이버섯, 참나물 순으로 올린다.
4. ③의 깻잎을 먼저 말고 라이스페이퍼로 감싸 마무리한다.
5. 소스를 곁들인다.

칼로리 걱정 없이 즐기는 고기 대체요리

콩고기채소볶음

재료

불린 콩고기 300g, 양파 100g, 표고버섯 100g, 빨강파프리카 50g, 노랑파프리카 50g, 청양고추 4~5개, 포도씨오일 1큰술, 참기름 약간, 통깨 약간

양념 간장 2큰술, 설탕 1큰술, 생수 2큰술, 맛술 1큰술, 다진 마늘 1½큰술, 후춧가루 약간

만들기

1. 콩고기는 먹기 좋은 크기로 썬다.
2. 양파, 표고버섯, 파프리카도 2×2㎝ 크기로 썬다. 청양고추는 어슷썬다.
3. 양념은 미리 섞어둔다.
4. 잘 달구어진 팬에 포도씨오일을 두르고 양파와 표고버섯을 볶다가 콩고기를 넣고 충분히 볶는다.
5. 파프리카와 청양고추를 넣고 고루 섞은 후 양념을 넣고 다시 한 번 볶는다.
6. 참기름과 통깨로 마무리한다.

Tip_ 콩고기

1. 콩고기는 건조된 것과 냉동된 것이 있습니다.
2. 건조된 것은 물에 15~20분 정도 불린 후 꼭 짜서 사용합니다.
3. 냉동된 것은 해동시켜 사용합니다.

눈으로 맛보고 입으로 먹는

새싹두부조림

재료

부침용 두부 1모, 소금 1작은술, 녹말가루 1½큰술, 밀가루 1큰술, 포도씨오일 적당량, 새싹채소 적당량

조림장 청주 3큰술, 설탕 1작은술, 맛술 2큰술, 간장 1큰술

만들기

1. 두부는 물기를 빼고 6등분한 후 소금을 뿌려 10분 정도 재운다.
2. 녹말가루와 밀가루를 섞어 체에 한 번 내린 후 두부에 고루 묻힌다.
3. 팬에 포도씨오일을 두르고 약불에 두부를 노릇하게 굽는다.
4. 팬에 조림장을 넣고 바글바글 끓으면 구운 두부를 넣고 조린다.
5. 조린 두부를 접시에 담고 그 위에 새싹채소를 얹는다.

새콤달콤하게 개운한

토마토물김치와 소면

재료

오이 1.5kg, 덜 익은 토마토 4~5개, 무 600g, 소금 1큰술, 겨자잎 20장, 소면 적당량, 채썬 배추김치 적당량

오이절임물 물 1ℓ, 소금100g

무절임양념 소금 1큰술

국물재료 무 800g, 배 800g, 양파 4개, 빨강파프리카 600g, 생강 30g, 마늘 100g, 액젓 4큰술, 생수 8컵, 소금 1~2큰술

찹쌀풀 생수 2컵, 찹쌀가루 2큰술

만들기

1. 오이는 길이로 갈라 씨를 빼고 5㎝ 길이로 썰어 오이 절임물을 팔팔 끓여 붓고 30분 정도 절인 후 그대로 체에 밭쳐 식힌다.
2. 무는 5×2×4㎝ 크기로 썰어 김치통 밑에 깔고 소금을 뿌려둔다.
3. 토마토는 원형 그대로 1㎝ 두께로 썬다.
4. 국물재료 중 채소는 즙기에 내려 국물을 받고 나머지 재료, 생수와 찹쌀가루를 끓여 식힌 찹쌀풀을 섞는다.
5. 무 위에 오이와 토마토, 겨자잎을 켜켜이 올려놓고 준비된 국물을 부어 뜨지 않게 눌러 반나절 실온보관 후 냉장 보관한다.
6. 잘 익은 김치국물 2컵을 살짝 살얼음이 얼도록 냉동 보관하고, 물김치 속에 있는 오이와 무는 2개 정도 꺼내 얇게 저며 썰고, 토마토는 반으로 썰어 준비한다.
7. 삶아놓은 소면 위에 준비된 국물을 부어 썰어놓은 오이와 무, 토마토를 얹는다. 채썬 배추김치를 고명으로 올린다.

디저트의 새로운 혁명

당근젤리

재료

당근 200g, 사과주스 3컵, 한천가루 2½작은술, 레몬즙 2작은술, 찹쌀가루 1큰술, 소금 약간

만들기

1. 당근은 강판으로 갈아 냄비에 넣고 소금을 약간 뿌린 후 바로 뚜껑을 덮어 3~5분 정도 재운다.
2. ①을 수분이 증발할 수 있도록 센불에 볶다가 약불로 줄여 달콤한 냄새가 날 때까지 볶는다.
3. 다른 냄비에 사과주스, 한천가루, 레몬즙, 찹쌀가루를 넣고 잘 섞어둔다.
4. ③을 약불에서 저어가며 끈기가 약간 생길 때까지 끓인다.
5. 볶은 당근과 ④를 함께 섞은 후 소금을 약간 넣고 잘 섞는다.
6. 모양틀이나 컵에 물을 바른 후 ⑤를 붓고 냉장고에 식혀 두었다가 접시에 담아낸다.

허브향 가득 머금은

레모네이드

재료

레몬 6개(1kg), 설탕 800g(레몬의 80% 설탕), 레몬즙 적당량, 소금 적당량, 애플민트 적당량, 얼음 적당량, 탄산수 적당량

만들기

1. 레몬은 끓는 물에 3초간 끓여 건져서 찬물로 씻은 후 소금으로 문질러 다시 한 번 깨끗이 씻는다.
2. 레몬을 이등분해서 반달 모양으로 슬라이스한다.
3. 레몬과 설탕을 고루 섞어 1시간 정도 실온에 두었다가 냉장고에서 일주일 정도 숙성시킨다.
4. ③의 레몬청과 레몬즙, 탄산수, 얼음 적당량을 컵에 넣고 섞는다.
5. 애플민트를 올린다.

Tip_ 레몬 씨 제거

레몬은 씨를 제거해야 쓴 맛이 나지 않아요.

2% 센스로 200% 완성하는 상차림 Tip

꽃꽂이 대신 들풀 꽂은 유리병

테이블 세팅에 빠지지 않는 꽃꽂이 또한 야외에서는 사치다. 유리병이나 유리잔에 들풀 하나씩 꽂으면 그보다 좋은 게 없다. 모든 게 과하지 않게 주변과 어울리는 것이 중요하다.

와인 코르크 마개가 젓가락 받침으로 변신

에코파티답게 주변에 있는 모든 것을 활용한 스타일링에 포인트를 준다. 마당 한켠에 버려진 자갈이나 와인 마시고 남은 코르크 마개라면 훌륭하고 멋스러운 테이블 세팅 소품으로 쓰인다. 코르크 마개가 테이블에서 고정이 잘 되지 않는다면 길이대로 반으로 잘라 밑면을 평평하게 만드는 것도 방법이다.

모든 요리가 훤히 보이는 유리 소재 그릇

인위적인 모양과 색깔의 그릇에 담긴 음식은 야외에서 즐기는 에코파티에는 조금 답답해 보일 수 있다. 시원하게 탁 트인 야외인만큼 음식도 유리 소재의 그릇을 사용해 담는다. 시원한 분위기까지 연출할 수 있다.

자연주의 분위기를 한껏 살리는 자갈

야외에서 먹는 식사는 특별한 테이블 장식이 필요없다. 주변에 보이는 나무며, 흙이며, 꽃이 장식이기 때문이다. 이때 자갈이나 나무조각, 조개껍질 등을 모아 테이블에 올리면 과하지 않은 소박한 스타일링 소품도 되고 테이블보가 바람에 날리는 것도 막을 수 있다.

PART 2.

5품으로 차리는 손님상

손님 초대하면 떠오르는 이미지가 뭘까?

상다리가 부러지도록 가득 차린 음식이 아닐까 싶다.

하지만 음식의 양이 미덕인 시대는 지났다. 이제, 콘셉트의 시대.

상황과 손님에 따른 재미난 콘셉트로 좀 더 즐겁고 이색적인 파티를 만들어 보자.

부담스럽지 않은 5품으로 차려낸 특별한 콘셉트의 파티 상차림을 소개한다.

» 간편하고 손쉽게 부담없는 마음으로 **집에서 즐기는 아웃도어 파티**

» 깊은 마음을 전하며 코스요리로 즐기는 **부부동반 상차림**

간편하게 손쉽게 부담없는 마음으로

집에서 즐기는 아웃도어 파티

'대한민국은 지금 아웃도어 열풍'이라고 해도 과언이 아니죠. 바다, 산, 계곡 등 자연을 벗 삼아 음식을 즐기며 하룻밤을 보내는 게 새로운 취미로 자리잡고 있습니다. 거기에 따른 장비들도 다양해지고 있죠. 사랑하는 가족과 야외에서 즐기는 하룻밤이 즐겁기는 하지만 현실적으로 준비해야 하는 일이 만만치 않습니다. 그곳이 꼭 산과 바다가 아니면 어떻습니까? 최고급 텐트와 침낭이 아니면 어떻습니까? 사랑하는 사람과 맛있는 음식, 자연을 느낄 수 있는 작은 공간이면 충분하지 않을까요? 아파트베란다, 집 앞마당, 뒷마당, 옥상 등 어디든 자리를 잡아 보세요. 그리고 훌륭한 맛과 비주얼의 캠핑요리를 준비하는 겁니다. 이보다 더 실속있는 아웃도어 파티가 있을까요? 이색적인 손님초대를 계획한다면 집에서 즐기는 아웃도어 파티를 준비해보세요.

Check List

실제 아웃도어를 재현할 것

아무리 집에서 즐기는 아웃도어 파티라지만 모든 음식을 집안에 들락날락 거리면서 준비한다면 콘셉트가 무너지는 지름길. 몸은 집 바로 앞이지만 마음만은 멀리 여행을 나온 것처럼 만반의 준비를 할 것. 특히 재료다듬기, 양념장만들기, 반조리 등은 캠핑요리의 번거로움을 줄여주는 필수 팁이니 명심한다.

실용성을 최대한 살릴 것

멋스러운 스타일링을 완전히 포기할 수는 없지만 무엇보다 아웃도어 파티의 포인트는 실용성이다. 그릇이나 도구 등은 최대한 야외생활에서 실용적이고 안전한 것들로 준비한다. 환경호르몬의 주범인 플라스틱보다는 나무 소재, 스테인리스 소재, 유리 소재 등으로 멋과 실용성을 모두 충족시킨다.

스타일링은 자연에서 얻을 것

아웃도어 파티의 가장 큰 장점은 자연에서 식사를 하는 것이다. 그런만큼 주변의 환경을 십분 활용해 멋스러운 공간과 테이블을 연출한다. 블랭킷으로 나무 위에 차양을 만들거나, 나무토막 등으로 접시를 활용한다면 여느 캠핑장 부럽지 않은 멋진 캠핑 상차림이 된다.

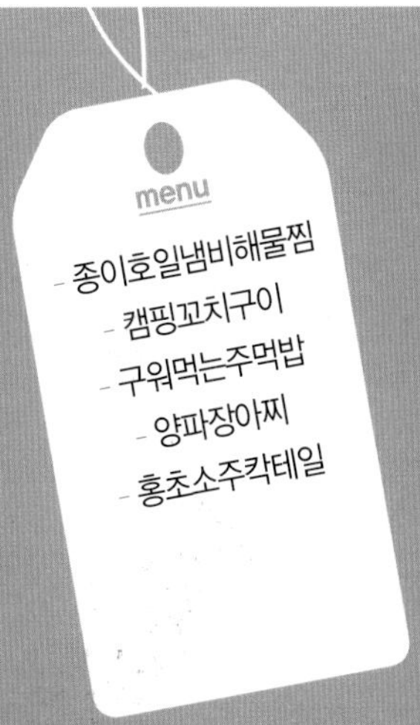

야외에서 뚝딱~

종이호일냄비해물찜

재료

모시조개 100g, 새우 5마리, 오징어 1마리, 그린홍합 5개, 양파 ½개, 토마토 1개, 마늘 5알, 송송 썬 쪽파 적당량, 캠핑용 종이냄비 1개

양념 화이트와인 ¼컵, 올리브오일 1큰술, 소금 약간

소스 플레인요거트 1개, 레몬즙 1큰술, 꿀 1작은술, 소금 약간

만들기

1. 오징어는 링으로 썰고, 새우는 등에 있는 내장을 제거한다. 모시조개와 그린 홍합은 깨끗이 씻는다.
2. 양파는 2x5㎝ 크기로 썰고, 토마토는 6~8등분해서 웨지모양으로 썬다. 마늘은 슬라이스한다.
3. 해산물과 채소를 전부 종이냄비에 넣고 위에 양념을 뿌리고 뚜껑을 덮은 후 불에 올려 익힌다.
4. 뚜껑을 열고 쪽파를 뿌린 다음 만들어 놓은 소스를 곁들인다.

캠핑요리의 별미

캠핑꼬치구이

재료

안심 300g, 양송이버섯 4개, 노랑파프리카 ½개, 빨강파프리카 ½개, 초록피망 ½개, 양파 ½개

고기양념 토마토케첩 3큰술, 우스터소스 2큰술, 포도씨오일 2작은술, 칠리파우더 2작은술

소스 다진 양파 200g, 버터 2큰술, 케첩 1컵, 흑설탕 2큰술, 소금 ½작은술, 물 ⅔컵, 레몬즙 4큰술, 칠리피클 3~4개

만들기

1. 고기는 먹기 좋은 크기로 썰어 30분 정도 고기양념에 재운다.
2. 양송이버섯, 파프리카, 양파, 피망도 먹기 좋은 크기로 썬다.
3. 꼬지에 고기, 빨강파프리카, 초록피망, 양파, 노랑파프리카, 양송이버섯, 고기 순으로 꽂는다.
4. 팬에 버터를 두르고 다진 양파를 충분히 볶는다.
5. 칠리피클은 다져서 나머지 소스 재료와 같이 ④의 팬에 모두 넣고 30~40분 정도 조린다.
6. 만들어놓은 꼬치에 소스를 발라가면서 그릴에 굽는다.

그릴에 구워 더 바삭하고 고소한

구워먹는주먹밥

재료

멥쌀 1컵, 찹쌀 1컵, 생수 2컵, 소금 ½작은술, 참기름 1큰술, 참치캔 1개(250g), 양파 ½개, 오이피클 또는 고추장아찌 2큰술, 마요네즈 5큰술, 소금 약간, 후춧가루 약간

간장소스 간장 1큰술, 설탕 ½큰술, 맛술 1큰술, 참기름 1큰술

만들기

1. 밥을 고슬하게 해서 참기름과 소금을 넣고 버무린다.
2. 참치는 체에 밭쳐 기름을 빼고, 양파와 피클은 잘게 다진 후 버무려 놓았다가 체에 밭쳐 물기를 제거한다.
3. 볼에 참치, 양파, 피클, 마요네즈, 소금, 후춧가루를 넣고 잘 버무린다.
4. 삼각김밥틀에 한 김 식힌 밥을 올리고 ③을 올린다. 다시 밥을 올려 눌러서 삼각 모양으로 만든다.
5. 만들어진 주먹밥을 그릴이나 프라이팬에 노르스름하게 구운 뒤 간장소스를 살짝 바르고 다시 한 번 약불에 노릇노릇 굽는다.

아삭아삭 씹히는 재미가 쏠쏠~

양파장아찌

재료

장아찌용 양파 2.5kg

소스 간장 5컵, 생수 2½컵, 식초 1¾컵, 설탕 370g, 통마늘 50g, 대파 7~8대, 마른 고추 5개

만들기

1. 냄비에 장아찌소스를 끓여 식힌 후 체에 밭쳐 국물을 받는다.
2. 양파는 껍질을 벗겨 깨끗이 씻은 후 물기를 닦아 칼집을 넣고 소스를 부어 꾹 눌러준다.
3. 냉장고에 넣고 일주일 후부터 먹는다.

눈도 입도 즐거운

홍초소주칵테일

재료

청포도 200g, 홍초 130cc, 소주 ¾컵, 얼음 400g, 민트잎 약간

만들기

1. 청포도는 깨끗이 씻어 알알이 딴다.
2. 모든 재료를 커터에 넣고 간다.
3. 모든 준비가 끝난 마지막에 만들어 시원하게 마신다.

Coca-Cola

2% 센스로 200% 완성하는 상차림 Tip

유리병 재활용으로 테이블 세팅

비록 제약이 많은 야외지만 '파티'라는 궁극적인 목적을 포기할 수 없는 법. 최소한의 아이템으로 꾸미는 테이블 세팅에 재활용 유리병만큼 좋은 아이템은 없다. 생수보다는 각양각색의 칵테일이나 에이드를 다 쓴 유리병에 색색으로 담아 테이블에 올리면 화려한 포인트로 그만이다.

가볍고 위생적인 스테인리스

아웃도어 파티에 사용하는 기본 그릇은 스테인리스를 선택. 가벼울 뿐 아니라 위생적이고 활용도가 높다. 크기별로 준비하면 다양한 용도로 사용할 수 있다.

나무소재 쟁반

아웃도어 파티의 가장 큰 장점을 살려 자연소재로 테이블 세팅을 한다. 나무조각이나 솔방울 등은 테이블에 올리기만 해도 멋스러운 테이블 세팅이 된다. 특히 모양과 사이즈가 다른 나무토막은 멋진 트레이나 접시로 손색이 없다.

안전하고 실용적인 종이냄비

부득이하게 불을 사용하는 요리를 준비했다면 부피가 큰 냄비보다는 종이냄비를 준비한다. 단, 50% 이상 미리 조리를 한 후 현장에서는 데우는 정도로만 활용한다. 마트에서 쉽게 구입할 수 있다.

아웃도어 파티의 로망, 차양만들기

외국 화보에서나 볼 법한 테이블 위의 차양은 아웃도어 파티의 로망이다. 바닥에 사용하는 블랭킷보다 얇고, 화려한 패턴을 선택할 것. 테이블 전체를 가리기보다는 가장 햇빛이 강한 쪽만 포인트로 나뭇가지에 연결한다.

아웃도어의 필수품, 블랭킷

야외에서 즐기는 상차림에 빠질 수 없는 아이템인 블랭킷은 식사를 테이블에서 하더라도 바닥에서 휴식을 취할 때 꼭 필요하다. 바닥에 까는 블랭킷은 좀 두꺼운 것을 선택해 바닥의 찬 기운을 막는다.

깊은 마음을 전하며 코스요리로 즐기는

부부동반 상차림

맞벌이 부부가 늘면서 부부가 각자의 사회생활로 바쁜 일상을 보내는 게 익숙한 요즘입니다. 가끔은 아내의 지인을, 남편의 지인을 부부동반으로 초대해 보세요.
여러 사람을 초대하기보다는 특별히 고마운 마음을 전하고 싶은 특별한 분, 그리고 그의 배우자와 함께 초대하는 겁니다.
그것만으로도 특별한 분위기를 내는 데 충분하지요.
여기에 보통의 손님상차림에서 내기 힘든 코스요리로 한껏 멋을 내봅니다.
맛있는 음식 앞에서 진솔하게 오가는 두 부부의 대화 속에 더 깊은 마음을 전할 수 있을 거예요.

Check List

음식의 가짓수를 제한할 것

코스요리로 준비를 하되 가짓수가 많아지면 대화를 주고받기가 힘들어진다. 5품이 넘지 않는 요리로 준비해 흐름을 깨지 않도록 주의한다.

한 가지 포인트 그릇을 사용할 것

음식을 내고 들이는 상차림이니만큼 실용성이 높은 그릇을 사용하는 게 좋다. 단, 포인트가 될 만한 그릇 하나 정도는 가장 아끼는 아이템으로 내볼 것. 와인이나 샴페인 잔, 디저트 접시, 커트러리 중 한 가지를 선택해 힘을 준다. 과하지 않지만 멋스러운 테이블 세팅을 연출할 수 있다.

균형있는 식재료로 구성할 것

모든 상차림에서 고려해야 할 포인트지만, 특히 코스요리에서는 육류, 해산물, 채소, 과일 등 다양한 식재료를 골고루 구성한다. 메인을 스테이크로 했다면 샐러드나 사이드에는 해산물이나 채소 등이 들어가 식재료가 겹치지 않게 식단을 구성하는 것이 중요하다.

menu

- 어니언스프
- 지중해식 해물샐러드
- 와인소스 안심스테이크
- 매시드포테이토와 사이드디쉬
- 치즈스트로이젤 타르트

부드러운 육질과 상큼한 와인소스의 조화가 일품인

와인소스안심스테이크

재료

쇠고기 안심(두께 2㎝) 400g~500g

고기 잴 양념 올리브오일 4작은술, 으깬 키위 2작은술, 발사믹식초 2작은술, 다진 생로즈마리 2작은술, 후춧가루 약간

와인소스 레드와인 1컵, 발사믹식초 ½컵, 치킨스톡 2개, 우스터소스 2큰술, 설탕 2작은술

만들기

1. 고기는 양념에 30분 이상 재운다.
2. 와인소스는 모두 냄비에 넣고 약불에서 반으로 졸인다.
3. 달구어진 팬에 고기 한 쪽 면을 1분씩 굽는다.
4. 예열된 180℃ 오븐에 5분에서 10분 취향대로 굽는다.
5. 접시에 고기와 소스를 올린다.

신선한 바다내음이 가득한

지중해식해물샐러드

재료

오징어 1마리, 홍합살 200g, 새우 12마리, 루콜라 적당량, 양상추 적당량, 색깔 있는 쌈채 적당량, 레몬 ⅓개

소스 화이트와인식초 4큰술, 소금 약간, 후춧가루 약간, 올리브오일 4~5큰술, 레몬즙 5작은술

만들기

1. 오징어는 손질하여 링으로 썰고 새우, 홍합도 손질하여 씻은후 레몬을 넣은 끓는 물에 살짝 데친다.
2. 화이트와인식초, 소금, 후춧가루를 먼저 거품기로 저은 후 올리브오일을 넣어 잘 섞이도록 젓다가 레몬즙을 넣어 다시 한번 잘 섞어 소스를 만든다.
3. 채소는 적당한 크기로 썰어 얼음물에 담갔다 물기를 뺀다.
4. 해물과 채소를 소스에 버무려 낸다.

깊고 진한 크림치즈의 매력에 쏙~

치즈스트로이젤타르트

재료

스트로이젤 버터 50g, 슈가파우더 50g, 박력분 50g, 아몬드파우더 50g

파이지 박력분 130g, 강력분 70g, 버터 100g, 우유 1큰술, 달걀노른자 1개, 설탕 3큰술, 소금 ⅓작은술

필링 크림치즈 300g, 플레인요거트 1개, 달걀 1개, 설탕 4큰술, 레몬즙 1작은술, 소금 약간, 박력분 4큰술

만들기

1. 파이지 재료를 가루류, 단단한 버터, 우유, 달걀노른자 순으로 푸드 프로세서에 넣고 반죽이 한 덩어리가 될 때까지 돌리거나 손으로 잘 반죽한 후 동그랗게 만들어 비닐에 넣고 냉장고에 30분 정도 휴지시킨다.
2. 휴지시킨 파이지를 꺼내어 덧밀가루를 뿌리고 밀대로 밀어 23㎝ 사이즈의 타르트 팬에 잘 편 후 포크로 여러 군데 찔러 예열된 180℃ 오븐에 12분 정도 초벌구이한다.
3. 스트로이젤 재료 중 실온에 둔 버터를 잘 풀어 체친 슈가파우더, 박력분, 아몬드파우더 순으로 넣고 살살 섞다가 손으로 비벼 소보로 상태를 만들어 냉장고에 둔다.
4. 상온에 두어 부드럽게 된 크림치즈에 요거트, 달걀, 설탕, 레몬즙, 소금을 넣고 잘 섞은 후 박력분을 넣고 살살 섞는다.
5. 초벌구이한 타르트를 오븐에서 꺼내 ④의 필링을 붓고 스트로이젤을 살살 펴 올려 예열된 150℃ 오븐에 1시간 굽는다.
6. 바삭한 맛을 원한다면 180℃에서 10분을 더 굽고 식힌 후 냉장고에 넣어 다음날 차갑게 해서 먹는다.

환상의 조화를 이루는 사이드메뉴 삼총사

매시드포테이토

재료

큰 감자 3개, 물 3컵, 소금 1작은술

만들기

1. 감자는 껍질을 벗겨 작은 크기로 썰어 작은 냄비에 물과 소금을 넣고 끓기 시작하면 약불로 줄여 물의 양이 반으로 줄어들 때까지 푹 익힌다.
2. 푹 익힌 감자는 뜨거울 때 남은 물과 함께 으깬다.

버터시금치

재료

시금치 1단, 마늘 3알, 표고버섯 2개, 버터 1작은술, 올리브오일 1큰술,
발사믹식초 1큰술, 닭고기국물 3큰술, 소금 약간, 후춧가루 약간

만들기

1. 시금치는 깨끗이 씻고, 마늘과 표고버섯은 슬라이스한다.
2. 팬을 중불에 달궈 버터를 녹이고 마늘과 표고버섯을 볶는다.
3. 깨끗이 씻은 시금치를 ②의 팬에 넣고 닭고기국물을 뿌려 뚜껑을 닫는다.
4. 2~3분 뒤 뚜껑을 열고 숨죽은 시금치를 뒤집는다.
5. 올리브오일과 발사믹식초를 넣고 버무리듯이 볶는다. 마지막에 소금과 후춧가루로 간한다.

양파튀김

재료

양파 1~2개, 튀김가루 3큰술, 카놀라유 적당량
튀김옷 튀김가루 1컵, 물 1컵

만들기

1. 양파는 1cm 두께의 링으로 썰어 튀김가루를 묻힌다.
2. 튀김옷을 입혀 180℃ 카놀라유에 튀긴다.

술안주로도, 에피타이저로도 손색없는

어니언스프

재료

채썬 양파 800~900g, 버터 3큰술, 화이트와인 ½컵, 닭고기국물 5컵,
소금 1작은술, 후춧가루 약간, 바게트 4쪽, 그뤼에르치즈 4큰술, 꼬냑 1~1½ 큰술

만들기

1. 냄비에 버터와 채썬 양파를 넣고 갈색이 나게 30~40분 이상 볶는다.
2. 화이트와인을 넣고 한소끔 끓인다.
3. 닭고기국물을 넣고 끓이다가 소금과 후춧가루로 간을 한다.
4. 꼬냑을 넣고 한소끔 끓인 후에 스프 그릇에 담아 위에 바게트와 그뤼에르치즈 순으로 얹는다.
5. 예열된 220℃ 오븐에 15분 정도 굽는다.

2% 센스로 200% 완성하는 상차림 Tip

호텔 레스토랑 메뉴카드 따라잡기

초대한 손님에게 대접할 상차림 메뉴를 카드로 준비하게 되면 준비한 사람의 따뜻한 마음과 센스를 찾아볼 수 있으며 상차림의 대화 또한 풍성해진다.

크리스털 샴페인 잔

다른 그릇이나 소품은 실용성을 강조하되 샴페인 잔만큼은 포인트를 살릴 것. 이야기를 나누며 장시간 식사를 나눠야 하는 상차림인만큼 그릇이나 소품을 화려하거나 위험성이 높은 것들은 되도록 피한다. 대신, 포인트가 될 만한 한 가지는 과감하게 연출한다.

개인 커트러리와 서빙커트러리

코스요리답게 개인 커트러리 준비는 필수지만 각 코스 메뉴마다 큰 접시에 담아 테이블에서는 각자 먹을 만큼씩 덜어서 식사를 하게끔 한다. 때문에 개인 커트러리와 서빙커트러리는 필수. 코스의 정식은 지키되 실용성을 더한 포인트를 살린다.

개인접시에 서브

코스요리지만 편안하게 시간의 구애를 받지 않고 식사할 수 있도록 하기 위해 매 코스마다 개인 접시에 담기보다는 덜어서 먹을 수 있게 준비한다.

꽃병을 활용한 아이스버킷

평소에 잘 사용하지 않는 꽃병에 얼음을 가득 채워 샴페인을 꽂으면 멋진 아이스버킷이 된다. 정형화된 아이템을 사용하기보다는 가끔 전혀 다른 용도의 아이템을 활용한다면 이색적인 분위기를 연출할 수 있다.

PART 3.

3품으로 차리는 손님상

요리 3품으로 손님을 초대한다? 알짜배기 메뉴만 골라 후다닥 차려낸 초스피드 손님상.

진짜 실력자는 무(無)에서 유(有)를 창조하는 센스와 순발력이다.

워킹맘이 차려내는 남편 손님 술상부터 여자끼리 즐기는 브런치.

남편이 차려주는 아내 밥상까지 군더더기 없이 딱 3품이면 꽉 찬 한 상이 차려진다.

» 워킹맘의 솜씨 좋은 **후다닥 손님 술상차림**

» 남편이 아내에게 정성껏 차려주는 **로맨틱 상차림**

» 남편과 아이없이 여자끼리 즐기는 **브런치 상차림**

워킹맘의 솜씨 좋은

후다닥 손님 술상차림

느닷없이 찾아온 남편의 손님들.

워킹맘 뿐 아니라 살림하는 주부들에게도 곤혹스러운 일이죠?

어디서부터 어떻게 준비해야 할지 머리속이 캄캄해집니다.

이럴 때 가장 쉬운 재료로 가장 쉽게 만들어 내는 훌륭한 술상이 있죠.

바로 소개합니다. 기 세워주는 데 이만한 게 또 있을까요?

남편 친구분들의 칭찬이 전국 방방곡곡에 자자할 겁니다.

Check List

초스피드 메뉴만 선택할 것

갑자기 방문한 남편의 술손님들에게 가장 중요한 건 스피드. 단시간에 만들 수 있는 메뉴를 선택하는 것이 중요하다.

서로 다른 종류의 메뉴를 고루 섞을 것

주종에 따라서 또는 취향에 따라서 입맛이 다를 수 있기 때문에 국물요리, 볶음요리, 마른안주 등등을 섞어서 차리는 것이 좋다. 맥주와 마른안주 종류만 준비하거나 소주와 국물 요리만 준비하는 것보다는 이들을 고루 섞어야 풍성하고 먹는 재미도 쏠쏠하다.

술에도 센스를 부여할 것

소주를 내더라도 오이와 과일 등을 슬라이스해 이색적인 술을 만들거나, 맥주를 마시더라도 더치커피와 곁들이는 커피비어 등 작은 변화를 주면 훨씬 센스있는 술상차림이 완성된다.

menu

- 얼큰어묵부추탕
- 치즈달걀말이
- 애호박새우젓찜

소주와의 완벽한 조화

얼큰어묵부추탕

재료

어묵(종류별로) 400g, 생표고버섯 6개, 부추 100g, 대파 ½대

양념 고춧가루 2큰술, 소금 1큰술

국물재료 국물용멸치 50g, 다시마 30g, 마른 홍고추 2개, 무 500g, 양파 1개, 통마늘 ½컵, 생수 12컵

만들기

1. 전자레인지에 '1분 땡!' 돌린 멸치와 나머지 국물재료를 모두 냄비에 넣고 끓인다.
2. ①이 끓기 시작하면 다시마는 꺼내고 약불로 30분 정도 끓인 후 체에 밭쳐 국물을 받는다.
3. 먹기 좋은 크기로 준비한 어묵을 체에 밭쳐 끓는 물을 부어 불순물과 기름을 제거한다.
4. 생표고버섯은 굵게 슬라이스하고, 부추는 5~6㎝ 길이로 썰고, 대파는 어슷썬다.
5. 받아 놓은 국물에 어묵, 표고버섯, 양념을 넣고 한소끔 끓으면 대파와 부추를 넣고 마무리한다.

늦은밤 야식과 안주의 중간

치즈달걀말이

재료

달걀 4개, 다진 양파 30g, 송송 썬 쪽파 1~1½큰술, 소금 약간, 흰후춧가루 약간, 슬라이스 치즈 2장

만들기

1. 달걀은 풀어서 소금, 흰후춧가루, 쪽파, 다진 양파를 섞는다.
2. 사각팬을 달궈 기름을 두르고 ①의 달걀물을 ½ 정도 부어 약불에서 젓가락으로 저어 스크램블을 만든 후 도톰하게 모양을 잡는다.
3. 스크램블해서 말아 놓은 달걀에 치즈를 올리고 나머지 달걀물을 조금씩 부어 가면서 달걀을 만다.
4. 김발에 말아서 5~10분 식힌 후에 두툼하게 썬다.

Tip_ 달걀말이썰기

완전히 식힌 후 썰어야 예쁜 모양을 만들 수 있어요.

소주와 궁합이 잘 맞는

애호박새우젓찜

재료

애호박 1개, 송송 썬 쪽파 1큰술, 다진 새우젓 ½큰술, 고춧가루 ½작은술, 검은깨 1작은술, 생수 1큰술

만들기

1. 애호박은 길이로 2등분한 후 삼각형 모양으로 큼직하게 썬다.
2. 작은 냄비에 큼직하게 썬 호박과 새우젓, 고춧가루, 검은깨, 생수, 쪽파를 넣는다.
3. 냄비뚜껑을 닫고 중불에서 가열하다가 김이 나기 시작하면 약불로 줄여 7~10분 정도 가열한 후 잔열로 5분 정도 더 익힌다. 여열로 다 익을 때까지 뚜껑을 열지 않는다.

평범한 소주는 가라! 칵테일소주

소주를 병째 내기보다는 오이를 슬라이스해 얼음과 함께 섞어 유리 피쳐병에 담으면 눈도 즐겁고, 입도 즐거운 오이소주칵테일이 완성된다.

세심한 배려가 돋보이는 어묵꼬치

보통 집에서 만드는 어묵탕은 나무꼬치를 빼고 끓이지만 술집에서 안주로 먹을 때는 나무꼬치가 있어 먹는 재미가 쏠쏠하다. 번거롭더라도 이 정도의 성의를 보인다면 어묵탕 하나도 멋스럽게 낼 수 있다.

2% 센스로 200% 완성하는 상차림 Tip

센스있는 나뭇잎 접시

안주 3품으로 차리는 상이다보니 작은 센스가 돋보이는 스타일링이 중요하다. 달걀말이를 담을 때 접시에 평범하게 담기보다는 나뭇잎을 깔아 포인트를 준다면 훨씬 상차림이 풍부해진다.

남편이 아내에게 정성껏 차려주는

로맨틱 상차림

밖에서는 직장인으로 집에서는 아내와 엄마로, 일주일이 바쁜 아내. 그런 아내를 위한 남편의 깜짝 이벤트. 서툴지만 감동이 있는 아내만을 위한 밥상을 차려보세요.

화려한 전문 셰프의 요리솜씨가 아니어도 좋아요.

분위기에 더 큰 감동을 받는 게 여자니까요. 햇살 가득 들어오는 침대나 거실도 좋아요.

오로지 아내만을 위한 작은 밥상, 로맨틱함 그 자체가 될 테니까요.

Check List

쉽고 간단한 레시피를 선택할 것

아내를 위로하고 감동시켜줄 밥상이라는 것이 포인트. 아내 역시 남편의 요리실력을 꼼꼼하게 평가하진 않는다. 최대한 쉽고 간단하게 만들 수 있는 메뉴로 선택해 중도포기하는 일이 없게 하는 것이 중요하다.

한 가지 정도는 아내가 좋아하는 메뉴를 넣을 것

아무리 분위기가 중요하다고는 하지만 아내가 평소 좋아하는 메뉴 또는 식재료 정도는 파악해서 준비한다. 감동과 함께 맛있게 먹기까지 한다면 흠잡을 데 없는 완벽한 상차림이 될 수 있으니까 말이다.

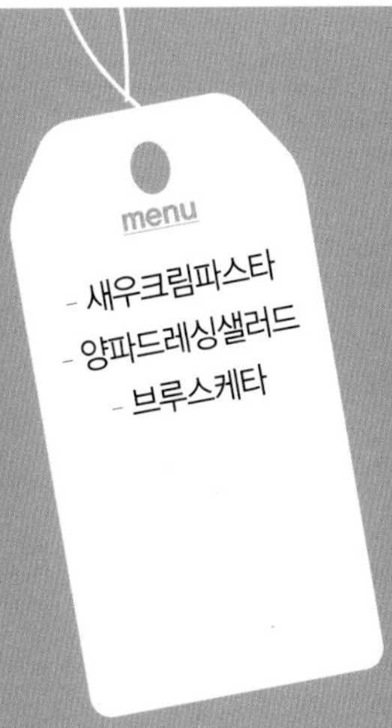

여심을 흔들 맛과 비주얼

새우크림파스타

재료

탈레아텔레 200g, 올리브오일 1큰술, 마늘 8알, 새우 20마리, 화이트와인 1큰술, 생크림 3컵, 소금 1작은술, 다진 파슬리

새우밑간 화이트와인 ½컵, 소금 약간, 후춧가루 약간

만들기

1. 새우는 내장을 빼고 껍질을 벗겨서 1㎝ 크기로 썰어 밑간 재료에 10분 정도 재운 후 체에 밭친다.
2. 마늘은 얇게 슬라이스하고, 파슬리는 다진다.
3. 소금을 넣은 끓는 물에 탈레아텔레를 삶아 건진다.
4. 팬에 올리브오일, 마늘, 새우를 넣고 볶다가 화이트와인을 넣는다. 생크림을 넣고 자글자글 끓인다. 약간의 농도가 생기면 소금과 삶은 탈레아텔레를 넣고 버무린다.
5. 접시에 담고 위에 파슬리를 뿌린다.

Tip_ 파스타 맛있게 삶는 방법

1. 물을 넉넉히 끓입니다.
2. 물 1ℓ당 소금 1큰술 정도로 소금을 넣습니다.
3. 파스타 봉투에 적혀 있는 시간을 지켜 삶습니다.
4. 크림파스타 종류는 시간을 조금 짧게 잡아 삶습니다.

새콤달콤한 드레싱이 입맛을 돋워주는

양파드레싱샐러드

재료

양상추 ½통, 베이비채소 약간, 시리얼 적당량

드레싱 양파 150g, 식초 4큰술, 레몬즙 2큰술, 설탕 3큰술, 소금 1작은술, 포도씨오일 5큰술, 후춧가루 약간

만들기

1. 양상추는 먹기 좋은 크기로 뜯고, 베이비채소는 씻어서 체에 밭쳐 물기를 뺀다.
2. 모든 드레싱 재료를 넣고 믹서에 간다.
3. 그릇에 양상추와 베이비채소를 올리고 드레싱을 끼얹은 뒤 시리얼을 올린다.

만들기는 쉽고 감동은 큰

브루스케타

재료

바게트 1개, 올리브오일 6큰술, 방울토마토 10개

마리네이드소스 다진 양파 1작은술, 다진 바질 1작은술, 발사믹식초 2큰술, 꿀 1큰술, 소금 약간

만들기

1. 바게트를 잘라 올리브오일을 바르고 팬에 살짝 굽는다.
2. 방울토마토는 길이로 8등분해서 마리네이드소스에 버무린다.
3. 구운 바게트에 마리네이드한 토마토를 얹어 접시에 낸다.

Tip 마리네이드란?

마리네이드란 '재운다'라는 뜻입니다.

드레싱, 소스 등은 전날 준비

요리 가짓수는 적지만 평소하지 않던 음식 준비를 하게 되면 서툴고 시간이 많이 걸리게 된다. 전날 샐러드 드레싱이나 브루스케타소스 등은 미리 준비해 다음날 아침 우아하고 여유있게 상을 차린다.

비주얼 살린 메뉴는 필수

쉽게 만들지만 모양새가 예쁜 음식은 여자들의 선호 메뉴다. 브루스케타는 그런 의미에서 준비하는 남편이나 먹는 아내 모두에게 좋다. 구운 바게트 위에 소스를 펴 바를 수도 있지만, 고명처럼 살짝 올려 멋을 내는 게 포인트.

2% 센스로 200% 완성하는 상차림 Tip

식탁 대신 트레이 사용

매일 쓰는 그릇에 담아 식탁에 차리는 것보다는 좀 더 특별한 분위기를 연출해 보자. 1인 트레이에 아내만을 위한 상차림을 침대 위로 가져다주거나, 거실 창가로 불러내는 등 평소와 다른 분위기로 차려 낸다. 그릇 또한 평소에 잘 사용하지 않는 것을 꺼내보는 것도 좋다.

남편과 아이없이 여자끼리 즐기는

브런치 상차림

아이 밥 준비하랴, 남편 밥 준비하랴 늘 분주한 주부들. 정작 본인의 식사는 늘 초라합니다.

아이 학교 보내고, 남편 출근한 후 아내들끼리만의 즐거운 만찬을 즐겨보는 건 어떨까요?

여자들의 로망인 우아하고 여유로운 브런치 타임.

한껏 멋을 내 차린 식탁에서 오랜만에 작은 일탈을 만끽해 보세요.

Check List

맛, 건강, 트렌드를 모두 담을 것

여자들의 모임이니만큼 음식의 맛, 건강, 요즘 유행하는 브런치의 트렌드까지 꼼꼼히 따져 준비한다. 배부른 샐러드, 빵, 커피를 기본으로 준비하면 좋다.

샴페인이나 스파클링 와인은 꼭 준비할 것

여자들의 파티에 빠져서는 안 될 꽃과 같은 존재, 샴페인. 하지만 말그대로 브런치 상차림이기 때문에 가볍게 즐길 수 있는 샴페인이나 스파클링 와인 정도가 적당하겠다. 식전 음료 정도라고 생각할까?

단시간에 만들 수 있는 초스피드 메뉴로 선택할 것

아이와 남편없이 여자들끼리 즐기는 브런치는 사실 밥보다 수다가 더 큰 비중을 차지한다고 해도 과언이 아니다. 거창하게 다양한 음식을 준비하면서 보내는 시간보다는 단시간에 만들어 차려 낼 수 있는 메뉴가 더 좋다.

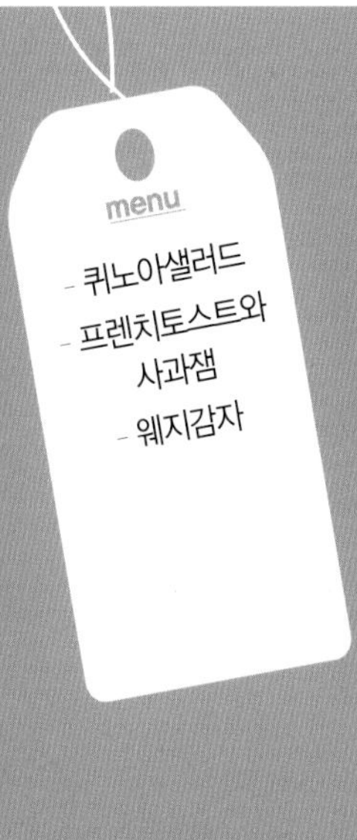

맛, 건강, 트렌드를 모두 담은

퀴노아샐러드

재료

퀴노아 ½컵, 생수 2~3컵, 샐러드용 채소, 방울토마토 10알, 생모짜렐라치즈 100~150g, 키위 1개, 강낭콩 100g

드레싱 화이트 발사믹식초 또는 화이트와인식초 2½~3큰술, 올리브오일 7큰술, 소금 1작은술, 후춧가루 약간

만들기

1. 퀴노아는 흐르는 물에 여러 번 씻은 후 냄비에 생수와 함께 넣고 끓기 시작하면 5분 뒤 불을 끈다. 체에 밭쳐 찬물에 헹구어 물기를 완전히 뺀다.
2. 생모짜렐라치즈와 키위는 1×1㎝ 크기로 썰고 강낭콩은 소금을 약간 넣은 끓는 물에 삶아내 체에 밭쳐 식힌다. 방울토마토는 반으로 썬다.
3. 채소는 먹기 좋은 크기로 뜯어 찬물에 담갔다가 물기를 뺀다.
4. 드레싱은 식초와 소금, 후춧가루를 잘 섞은 후 올리브오일을 넣고 다시 잘 섞는다.
5. ①과 ②에 드레싱 중 ½을 부어 섞는다.
6. 접시에 채소를 담고 드레싱을 약간 뿌리고 잘 섞은 ⑤를 담고 다시 채소를 올려 드레싱을 뿌려 낸다.

Tip_ 퀴노아 삶는 법

퀴노아는 삶을 때 조금 씹어보아 딱딱하지 않고 꼬들한 느낌이 날 때 꺼내세요.

브런치 메뉴의 기본

프렌치토스트와 사과잼

사과잼

재료

사과 3개, 설탕은 사과와 같은 무게, 화이트와인 1큰술,
계피가루 ⅓작은술

만들기

1. 사과는 깨끗이 씻어 껍질째 채칼로 가늘고 곱게 채썬다.
2. 냄비에 채썬 사과와 설탕을 넣고 중불에서 끓기 시작하면 약불로 줄여 1시간 정도 졸인다.
3. 사과가 투명해지면서 졸아들면 화이트와인과 계피가루를 넣고 섞은 후 불을 끈다.

프렌치토스트

재료

바게트 1개, 달걀노른자 2개, 설탕 1큰술, 생크림 ¾컵,
아가베시럽 또는 메이플시럽 적당량, 슈가파우더 적당량

만들기

1. 바게트는 3㎝ 정도로 두껍게 어슷썬다.
2. 달걀노른자에 설탕을 충분히 녹인 후에 다음 생크림을 넣고 잘 섞어 체에 밭쳐 달걀물을 만든다.
3. 썰어 놓은 바게트를 달걀물에 적신 후 예열된 180℃ 오븐에 노릇하게 굽는다.
4. 접시에 바게트를 담고 시럽과 슈가파우더를 뿌린다.

찍어 먹는 재미가 쏠쏠

웨지감자

재료

햇감자 2개, 소금 약간, 사워크림 적당량, 스위트칠리소스 적당량, 토마토케첩 적당량

양념 올리브오일 2큰술, 파마산치즈가루 1큰술, 소금 ½작은술, 파프리카가루 ½작은술, 후춧가루 약간

만들기

1. 감자는 껍질째 깨끗이 씻어 6등분한다.
2. 소금을 약간 넣은 물에 감자를 넣고 끓기 시작해서 5분 정도 더 삶은 후 체에 밭친다.
3. 익힌 감자에 양념을 넣고 잘 섞는다.
4. 오븐팬에 펼쳐 예열된 210℃ 오븐에서 30분간 굽는다.
5. 사워크림, 스위트칠리소스, 토마토케첩을 곁들여 낸다.

2% 센스로 200% 완성하는 상차림 Tip

카페에 온 듯한 꽃장식

비록 집으로 초대한 브런치지만 분위기만큼은 가로수길 카페 못지않게 신경 쓴다. 여기에 꽃이나 화분만큼 좋은 아이템은 없다. 새하얀 그릇들과 잘 어울리는 그린 계열이 좋다.

샴페인만큼은 가장 화려하게!

크리스마스 파티 못지않게 화려한 포인트를 준다. 값비싼 아이스버킷이 아니어도 좋다. 유리볼이나 실버볼 무엇이든 테이블에서 가장 돋보이게 자리를 잡는다.

개인 접시와 커트러리

원 플레이트씩 나오는 정형화된 브런치 메뉴에서 탈피해 자신이 원하는 음식을 서빙해 먹을 수 있는 상차림이 훨씬 실용적이다. 메인 접시들에 음식을 담아 개인접시와 커트러리를 각각 준비한다.

PART 4.

단골테마 상차림

손님상차림하면 빠지지 않는 주제가 있다.

생일 파티, 크리스마스파티 등이 그것이다.

매년 돌아오는 이벤트지만 매번 똑같은 상차림은 하기 싫은 법.

우리아이를 위한 특별한 생일 파티, 크리스마스 파티, 며느리와 사위를 새가족으로 맞은

어머니의 상차림 등 누구에게나 꼭 치르게 되는 날에도 작은 특별함을 부여해보자.

» 특별한 추억을 만들어주는 **우리아이 생일 파티 상차림**

» 성탄절답게 기본에 충실! **크리스마스 파티 상차림**

» 고마운 마음과 사랑을 담아 차려주는 첫밥상 **새가족맞이 상차림**

특별한 추억을 만들어주는

우리아이 생일 파티 상차림

매년 돌아오는 아이 생일 파티. 레스토랑을 빌리기는 싫고, 집에서 해주자니 부족할 것 같고, 이만저만 고민이 아닙니다.

아이와 친구들에게 특별한 추억을 만들어 줄 생일파티 상차림을 준비해보세요. 맛과 재미가 가득해 아이들의 웃음이 끊이지 않는 파티,

돌아갈 때 작은 선물까지 챙겨주는 섬세한 배려도 잊지 마세요.

Check List

아이들이 좋아할 메뉴를 건강하게 만들 것

평소 아이들이 좋아하는 메뉴는 부모들이 사주기 꺼려하는 것들이 많다. 떡볶이, 피자, 치킨 등이 그것. 생일 파티에서만큼은 아이들이 먹고 싶은 메뉴를 준비하되 파는 음식과 달리 건강하게 만드는 센스를 더한다.

초대한 아이들의 이름과 얼굴을 미리 파악할 것

집에 초대된 아이들이 들어올 때마다 이름을 불러주면서 인사를 해주는 것 역시 엄마의 센스다. 이름 하나하나를 불러주고, 이름을 붙인 답례품을 전달하는 것만으로도 아이들은 특별한 파티에 왔다고 생각한다.

형형색색 최대한 밝게 꾸밀 것

아이들의 파티이니만큼 밝고 경쾌한 색감으로 공간을 꾸민다. 놀이하듯 다 함께 모여 음식을 나누고 신나게 노는 시간과 공간을 마련해 주는 것도 생일파티의 큰 의의 중 하나다. 아이들이 좋아하는 형형색색의 풍선은 물론, 그릇도 다양한 색감을 띠면 좋다.

menu

- 컵케이크
- 까르보나라떡볶이
- 유부말이초밥
- 유자고추장소스피자
- 생과일펀치
- 닭꼬치
- 연필춘권

한 개씩 골라먹는 재미가 있는

컵케이크

재료

박력분 180g, 베이킹파우더 4g, 달걀흰자 5개, 설탕 150g, 달걀노른자 5개, 설탕 90g, 오렌지주스 60g, 포도씨오일 60g, 오렌지오일 약간

장식 생크림 300g, 설탕 약간, 쿠앵트로 1작은술, 컬러슈가파우더

만들기

1. 달걀노른자에 설탕 90g을 넣어서 휘핑한다.
2. 달걀흰자에 설탕 150g을 넣어서 90% 머랭한다.
3. 박력분과 베이킹파우더를 체친다.
4. ①에 ③과 ②를 매끄럽게 섞은 후 오렌지주스와 포도씨오일, 오렌지오일을 차례로 넣으면서 섞는다.
5. 머핀틀에 종이를 깐 후 반죽을 70% 정도 넣는다.
6. 예열된 180℃ 오븐에 20분간 구운 후 완전히 식힌다.
7. 생크림에 쿠앵트로를 넣고 휘핑한 후 나누어서 컬러슈가파우더로 색을 낸다.
8. 짤주머니에 모양깍지를 넣은 다음 ⑦의 생크림을 넣고 컵케이크 위에 장식한다.

매운 떡볶이는 가라! 부드럽고 고소한

까르보나라떡볶이

재료

떡볶이떡 350g, 베이컨 50g, 양파 100g, 마른 고추 2개, 우유 ½컵, 생크림 ½컵, 후춧가루 ½작은술, 소금 ¼작은술, 방울토마토 적당량

만들기

1. 떡볶이떡을 끓는 물에 데쳐서 체에 밭친다. 베이컨은 굵게 채썰고, 양파도 채썬다. 마른 고추는 동그랗게 자른다.
2. 달구어진 팬에 베이컨을 볶다가 양파, 마른 고추 순으로 넣고 충분히 볶는다.
3. 우유와 생크림, 소금, 후춧가루 순으로 넣고 보글보글 끓으면 데쳐 놓은 떡볶이떡을 넣고 끓인다.
4. 그릇에 완성된 떡볶이를 담고 방울토마토를 올린다.

든든한 식사대용

유부말이초밥

재료

멥쌀 2컵, 찹쌀 1컵, 생수 3컵, 연근 100g, 냉동유부 200g, 식초 약간

배합초 식초 4큰술, 설탕 3큰술, 소금 1큰술

연근배합초 식초 3큰술, 설탕 1½큰술, 생수 1½큰술, 소금 약간

유부조림장 다시마물 2컵, 설탕 2큰술, 간장 4큰술, 물엿 2큰술, 맛술 1큰술

만들기

1. 쌀은 1시간 정도 불려 밥을 한 후 배합초를 넣고 잘 섞는다.
2. 유부는 한 쪽 면만 남기고 가위로 잘라 끓는 물에 살짝 데쳐 체에 밭친다.
3. 유부조림장을 냄비에 넣고 끓으면 체에 밭친 유부를 넣고 15분 정도 뒤집어가며 조린 후 체에 펼쳐 놓는다.
4. 연근은 껍질을 벗기고 얇게 슬라이스해서 물에 헹군다.
5. 식초를 약간 넣은 끓는 물에 연근을 넣고 살짝 데쳐 체에 밭친 후 바로 연근배합초에 재운다.
6. 유부를 펼친 후 살짝 뭉쳐놓은 밥과 연근을 위에 올리고 돌돌 만다.

인스턴트 재료 대신 직접 만든 특제소스가 일품

유자고추장소스피자

재료

쇠고기(불고기용) 200g, 피자도우 또는 또띠아 4장, 청피망 ½개, 홍피망 ½개, 양파 ½개, 양송이버섯 4개, 포도씨오일 적당량, 소금 약간, 후춧가루 약간

토핑 미니 파프리카 적당량, 피자치즈 적당량, 파마산치즈 적당량, 파슬리가루 약간

소스 고추장 1큰술, 유자청 1큰술, 케첩 1큰술

불고기양념 간장 1큰술, 설탕 1작은술, 청주 1작은술, 맛술 1작은술, 참기름 ½큰술, 다진 마늘 ½큰술, 후춧가루 약간

만들기

1. 쇠고기는 불고기양념에 10분 정도 재웠다가 뜨겁게 달군 팬에 볶는다.
2. 청피망, 홍피망, 양파, 양송이버섯은 잘게 다져 달구어진 팬에 포도씨오일을 두르고 바싹 볶은 후 소금과 후춧가루로 간한다.
3. 피자도우 또는 또띠아에 미리 만들어 놓은 소스를 고루 펴서 바르고 볶은 채소, 불고기, 파프리카, 피자치즈 순으로 얹는다.
4. 예열된 200℃ 오븐에 치즈가 녹을 정도로 굽는다.
5. 파마산치즈와 파슬리가루를 뿌려 낸다.

입안에서 아삭아삭 씹히는 과일의 맛

생과일펀치

재료

사과 1개, 키위 2개, 참외 1개, 파인애플 200g, 수박 200g, 레몬즙 ¾컵, 탄산수 4컵, 토마토주스 2컵, 설탕시럽 1½컵, 얼음 적당량

설탕시럽 생수 2컵, 설탕 200g

만들기

1. 키위와 사과, 참외는 껍질을 벗기고 0.5 x 0.5㎝ 크기로 썬다. 파인애플, 수박도 같은 크기로 썬다.
2. 물과 설탕을 냄비에 넣고 설탕이 다 녹을 때까지 설탕시럽을 끓인 후 식힌다.
3. 썰어둔 모든 과일을 설탕시럽에 재운다.
4. 재운 과일에 레몬즙, 토마토주스, 탄산수를 부어 잘 섞은 후 큰 볼이나 유리잔에 얼음을 띄워 낸다.

컵에 담겨 먹는 즐거움이 두 배

닭꼬치

재료

닭다리살 500g

닭고기밑간 양파즙 4큰술, 다진 마늘 1큰술, 생강즙 1작은술, 청주 4큰술, 소금 약간

양념장 고추장 2큰술, 스윗트칠리소스 3큰술, 간장 2큰술, 청주 3큰술, 다진 마늘 1큰술, 설탕 1큰술, 물엿 1큰술, 참기름 2큰술

만들기

1. 닭고기는 껍질을 제거하고 먹기 좋은 크기로 썬다.
2. 닭고기를 밑간에 30분 정도 재운다.
3. 분량의 재료를 섞은 양념장을 냄비에 넣고 걸쭉할 정도로 졸인다.
4. 닭고기를 나무꼬지에 끼워 그릴팬에 굽는다.
5. 닭꼬치에 양념장을 여러 번 덧발라가며 굽는다.

바삭하게 씹어 먹는

연필춘권

재료

새우 100g, 고추기름 2큰술, 양파 1½개, 스위트칠리소스 2큰술, 춘권피 20~30장, 달걀흰자 약간, 카놀라유 적당량

만들기

1. 새우는 칼로 곱게 다지고, 양파는 얇게 채썬다.
2. 팬에 고추기름을 넣고 양파를 노릇하게 볶는다.
3. 노릇하게 볶아진 양파에 스위트칠리소스와 다진 새우를 넣고 다시 한 번 볶는다.
4. 춘권피를 마름모꼴로 놓은 다음 ③을 얇게 깔고 돌돌 말아 끝부분에 달걀흰자를 발라 붙인다.
5. 170℃ 카놀라유에 튀긴다.

HAPPY
BIRTHDAY
SEO LEE

2% 센스로 200% 완성하는 상차림 Tip

형형색색의 그릇을 이용

아이들은 먹는 즐거움 뿐 아니라 보는 즐거움도 중요하다. 같은 음식을 먹더라도 자신이 좋아하는 색깔의 접시를 골라 먹게 해준다.

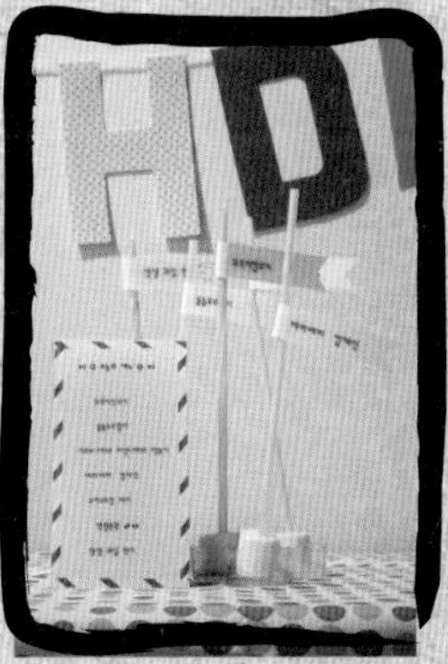

마시멜로에 꽂힌 메뉴 이름표

메뉴 하나하나 소개하는 이름표에도 재미의 요소를 넣는다. 다양한 색깔의 빨대를 깃발처럼 만들어 메뉴 이름을 적고 마시멜로에 꽂아 요리 앞에 두면 그것만으로도 테이블 스타일에 손색이 없다.

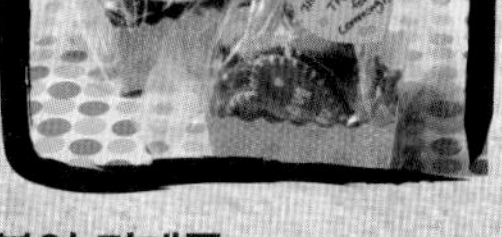

네임텍을 붙인 답례품

파티가 끝나고 돌아가는 아이들에게 자신의 이름표가 붙여진 답례품을 선물한다. 집에 돌아가서도 기억할 수 있고, 선물을 받았다는 기쁨에 즐거운 파티로 기억이 된다.

각자의 자리에 놓인 고깔모자와 티셔츠 의자

자신의 이름이 적힌 테이블에 앉으면 고깔모자와 티셔츠를 입힌 의자를 만나게 된다. 아이들에게는 흥미롭고 이색적인 이벤트가 된다.

Part. 4-2

성탄절 답게 기본에 충실!

크리스마스 파티 상차림

매년 고민되는 파티 상차림 중 하나인 크리스마스 파티.우리나라의 명절 못지않게 매년 빼놓을 수 없는 축제와 같다고는 하지만 본래 서양의 문화이다보니 따라하는 것이 수준에 못미치는 것이 사실입니다. 이왕 다른 나라의 문화를 따라한다면 제대로 해보는 건 어떨까요?

실제 서양에서 크리스마스 파티에 즐기는 음식을 준비해 기본에서 충실한 크리스마스 파티를 열어보세요.

Check List

조리시간을 체크할 것

크리스마스 파티 상차림에 빠지지 않는 메인 요리는 사전 조리시간이 오래 걸리는 경우가 많기 때문에 미리 조리시간과 순서를 체크해서 파티 당일에 번거롭지 않게 준비한다.

대표 컬러를 결정할 것

크리스마스를 대표하는 컬러 중 두 가지를 넘지 않게 스타일링하는 것이 좋다. 그린, 레드, 화이트, 실버, 골드 등 이번 상차림의 메인 컬러를 미리 결정해 그릇이나 소품 등을 준비한다.

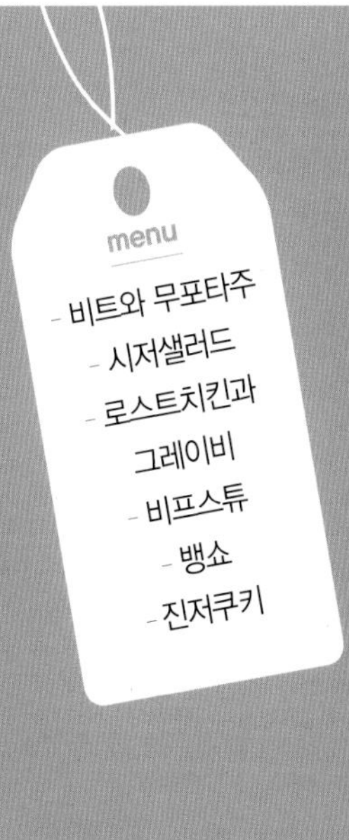

크리스마스 파티의 메인 디쉬

로스트치킨

재료

닭(큰 것) 1마리

닭밑간 굵은소금 1작은술, 다진 생로즈마리 1큰술, 버터 1큰술, 후춧가루 ½작은술, 다진 생바질 1큰술, 다진 양파 2큰술, 올리브오일 1큰술

스터핑 빵조각 1컵, 다진 생바질 1큰술, 슬라이스한 샐러리 1대, 깍뚝썰기한 표고버섯 2개, 깍뚝썰기한 양파 ½개, 올리브오일 1큰술, 말린 크랜베리나 건포도 1큰술, 소금 약간, 후춧가루 약간

채소구이 단호박(작은 것) 1개, 당근 1개, 대파 2대, 양파 1개, 옥수수 1개, 마늘 10알, 올리브오일 2큰술, 빨강파프리카 1개, 소금 약간, 후춧가루 약간

만들기

1. 닭은 깨끗이 씻어 닭밑간 재료의 반은 닭 목 부분의 껍질 속으로 나머지 반은 골고루 바깥 껍질을 마사지하고 30분 이상 재운다.
2. 30분 이상 재운 닭 뱃속에 잘 버무려 놓은 스터핑 재료를 채워 넣고 면실로 다리를 겹친 후 묶고 호일로 싼다.
3. 채소구이 재료는 큼직하게 썰어 올리브오일과 소금, 후춧가루에 버무려 그릴팬에 굽는다.
4. 충분히 예열한 180℃ 오븐에 호일로 싼 ②의 닭을 30~40분 구운 후 호일을 벗기고 30~40분 정도 더 굽는다. 이때, 그릴팬에 구운 채소구이 재료도 같이 굽는다.

그레이비

재료

양파 1개, 샐러리 ½대, 버터 2큰술, 밀가루 2큰술, 토마토페이스트 ½작은술, 설탕 1작은술, 레드와인 ¼컵

육수재료 닭고기국물 240cc, 생수 1컵, 오레가노 ½작은술, 소금 ½작은술

만들기

1. 기름을 두르지 않은 팬에 얇게 슬라이스한 양파와 샐러리를 갈색으로 볶다가 버터와 밀가루를 넣고 더 진한 갈색이 되도록 볶는다.
2. 토마토페이스트와 설탕, 레드와인 순으로 뭉치지 않게 풀어주면서 나머지 육수재료를 넣고 저으면서 적당한 농도로 조린다.
3. 체에 거르거나 블랜더에 간다.

Tip_ 치킨브로스 사용법

닭고기국물은 시중에 팔고 있는 치킨브로스 캔을 사용하면 편합니다. 치킨브로스와 생수의 비율을 1:1로 섞어 사용합니다.

샌드위치처럼 입맛 따라 만들어 먹는

시저샐러드

재료

로메인 100g, 치아바타 2개, 베이컨 6장, 달걀흰자 지단, 올리브오일 약간, 소금 약간, 후춧가루 약간, 발사믹크림 적당량, 파마산치즈 적당량

시저소스 달걀노른자 3개, 생크림 2큰술, 안초비 2쪽, 다진 양파 1큰술, 파마산치즈파우더 1큰술, 후춧가루 약간

만들기

1. 시저소스 재료를 블랜더에 간다.
2. 치아바타는 넓적하게 포뜨기하고 속을 파내 빵껍질에 올리브오일, 소금, 후춧가루를 뿌려 예열된 180℃ 오븐에서 5분 정도 굽는다.
3. 베이컨은 팬에 바싹 구워 기름을 뺀다.
4. 달걀흰자는 지단을 만들어 베이컨 길이에 맞추어 길게 썬다.
5. 속을 파낸 치아바타 껍질을 접시로 활용해 로메인, 베이컨, 달걀지단을 올리고 위에 파마산치즈가루와 발사믹크림을 뿌린다.

Tip_ 치아바타 속 활용법

파낸 치아바타 속은 로스트치킨 스터핑 재료로 써도 좋아요.

식감을 돋워주는 컬러풀 푸드

비트와 무포타주

재료

무 100g, 비트 200g, 양파 ½개, 대파 1대, 버터 1큰술, 닭고기국물 2컵, 밥 2~3큰술, 우유 1컵, 생크림 ½컵, 소금 1작은술, 핑크후추 약간

만들기

1. 무와 비트, 양파, 대파를 얇게 채친다.
2. 팬에 버터를 두르고 무, 비트, 양파, 대파를 넣어 무가 투명하게 익을 때까지 충분하게 볶는다.
3. 닭고기국물과 밥을 넣고 밥이 푹 퍼지도록 약불로 끓인다.
4. 한김 식혀서 블랜더에 넣고 곱게 간다.
5. 다시 냄비로 옮겨 담고 우유를 넣고 한 번 끓어오르면 생크림을 넣어 따끈하게 데운다.
6. 소금으로 간을 맞추고 핑크후추를 뿌려 낸다.

Tip_ 닭고기국물

1. 냄비에 생수를 넉넉하게 넣고 끓으면 닭 반 마리를 넣습니다. 다시 끓어 오르면 건져 깨끗이 씻습니다.
2. 다시 냄비에 닭과 월계수잎 1장, 통후추 ½작은술, 양파 1개, 마늘 3알을 잠길 정도의 생수와 함께 넣고 1시간 정도 뚜껑을 열고 끓인 후 체에 밭칩니다.

따뜻하고 든든한 식사대용

비프스튜

재료

쇠고기(채끝등심) 600g, 볶은 밀가루 2큰술, 레드와인 3큰술, 양파 400g, 양배추 300g, 당근 100g, 양송이버섯 200g, 샐러리 40g, 굵게 다진 마늘 3큰술, 올리브오일 4큰술

쇠고기밑간 소금 ½큰술, 후춧가루 약간, 올리브오일 2큰술

소스 닭고기국물 3½컵, 홀토마토 4컵, 토마토페이스트 3큰술, 설탕 1큰술, 양파스톡 1컵, 소금 1~2작은술, 월계수잎 2장, 샐러리 20㎝ 2줄기, 오레가노 1작은술, 핫소스 2~3큰술

양파스톡 양파 3개, 올리브오일 3큰술, 버터 2큰술

만들기

1. 양파를 채썬 후 냄비에 올리브오일과 버터를 두르고 양파를 넣어 센불에 볶다가 40분 정도 짙은 색이 날 때까지 볶은 다음 식혀 양파스톡을 만든다.
2. 쇠고기는 종이타월에 싸서 핏물을 제거하고 밑간을 한 후에 볶은 밀가루를 묻힌 다음 팬을 예열해 올리브오일 1큰술을 두르고 꾹꾹 눌러가며 쇠고기의 겉면만 익힌 후 레드와인을 뿌려 알코올 성분을 날린다.
3. 익혀둔 쇠고기, 양파, 양배추도 큰 네모썰기로 썬다. 당근도 네모 모양으로 썬 후 모서리는 살짝 굴려 준다. 샐러리는 1.5㎝ 너비로 어슷어슷 썰고, 양송이버섯은 4등분한다.
4. 팬에 올리브오일 3큰술을 두르고 굵게 다진 마늘을 넣고 볶다가 마늘향이 나면 ②의 쇠고기와 핫소스를 제외한 모든 소스 재료를 넣고 40분 정도 푹 끓이다 샐러리와 월계수잎은 건진다.
5. ④에 양파, 양배추, 당근을 넣고 30분 이상 끓으면 샐러리, 양송이버섯, 핫소스를 넣고 한 번 끓인 후 스프볼에 담아낸다.

마음까지 따뜻해지는

뱅쇼

재료

레드와인 1병, 오렌지 1개 또는 귤 4~5개, 레몬 1개, 사과 1개, 계피스틱 1개, 생강 50g, 정향 2개, 꿀이나 설탕 적당량

만들기

1. 오렌지, 귤, 레몬은 베이킹소다나 소금으로 문질러 씻은 후 뜨거운 물을 부어 소독한다. 사과도 깨끗이 씻는다.
2. 모든 과일과 생강은 껍질째 얇게 슬라이스한다.
3. 와인과 과일, 계피스틱, 생강, 정향을 냄비에 담아 끓기 시작해서 약불에 20분 정도 끓인다.
4. 설탕이나 꿀을 넣고 5분 정도 더 끓인다.
5. 재료들을 건져내고 따끈하게 준비한다.

후식으로도 선물로도 OK

진저쿠키

재료

버터 100g, 슈가파우더 100g, 소금 ¼작은술, 달걀노른자 2개, 박력분 180g, 코코아가루 20g, 아몬드가루 20g, 생강가루 2작은술, 바닐라에센스 약간

로얄아이싱 달걀흰자 10g, 슈가파우더 50g, 레몬즙 ½작은술

만들기

1. 실온의 버터에 슈가파우더와 소금을 넣어 믹싱한다.
2. ①에 달걀노른자와 바닐라향을 두 번에 나누어 혼합한다.
3. ②에 체에 받친 박력분, 코코아가루, 아몬드가루, 생강가루를 넣고 한 덩어리로 만든다.
4. 냉장고에서 1시간 이상 휴지시킨다.
5. 반죽을 5㎜ 두께로 밀어서 진저맨틀로 찍는다.
6. 예열된 180℃ 오븐에 15~20분간 굽는다.
7. 달걀흰자에 슈가파우더와 레몬즙을 섞어 아이싱을 만든다.
8. 구운 쿠키 위에 아이싱으로 장식한다.

Tip_ 진저쿠키를 세울 때

진저쿠키를 접시에 세울 때 마시멜로를 사용하면 잘 어울린다.

2% 센스로 200% 완성하는 상차림 Tip

크리스마스 분위기를 제대로 살린 커트러리

레드와 그린의 조화를 가장 잘 표현해 개인 커트러리를 장식한다. 파티에 초대된 손님들은 각자의 자리에 놓인 커트러리를 보며 마치 크리스마스 선물을 받은 듯한 분위기를 받는다.

홈메이드 진저쿠키 선물

값비싼 크리스마스 선물보다는 정성이 들어간 홈메이드 쿠키로 파티에 초대된 손님들께 선물을 하면 더 큰 감동을 전할 수 있다.

각양각색의 그릇을 세팅

전체적인 테이블세팅 컬러를 잡았다면, 1인 접시 세팅은 통일보다는 각양각색의 그릇을 세팅해 딱딱한 분위기를 배제시킨다. 용도 역시 커피잔으로 스프볼을 대신 하는 등 정형화된 규칙에서 벗어나는 것도 인상적이고 재미있다.

샌드위치처럼 먹는 시저샐러드

구운 치아바타 위에 로메인과 베이컨, 치즈 등을 차례로 올려 샌드위치를 먹는 것처럼 샐러드를 먹는다. 생소한 방법이 먹는 즐거움을 더해준다.

고마운 마음과 사랑을 담아 차려주는 첫밥상

새가족맞이 상차림

세상이 바뀌었습니다. 며느리와 사위가 시어머니와 장모님께 잘하는 것 뿐 아니라 시어머니와 장모도 며느리와 사위에게 예를 갖춰 잘 해야 하는게 요즘입니다.

특히나 이제 문화처럼 자리잡은 '새가족맞이'.

시어머니가 새로 맞이하는 며느리에게, 장모가 백년손님이 될 사위에게 처음으로 밥상을 차려주는 것입니다. 그리고 이 상차림은 부모에게 적지 않은 부담의 존재이기도 합니다.

새가족에게 고마운 마음과 사랑을 담아 차려주는 첫 밥상.

정갈하면서 의미있는 밥상으로 준비해보세요.

Check List

육류와 해산물을 모두 준비할 것

새가족이다보니 정확한 입맛을 파악하기 힘들다. 어느 한 가지에 치우치지 않고 육류와 해산물, 채소 등을 골고루 준비한다.

가벼운 음식부터 무거운 음식까지 골고루 준비할 것

샐러드와 같은 가벼운 메뉴부터 갈비찜과 같은 메인 음식을 한 데 놓고 입맛에 맞게 편하게 먹을 수 있도록 배려한다.

양식보다는 한식으로 준비할 것

어른이 초대하는 밥상이니만큼 양식보다는 집밥을 연상시키는 한식으로 준비하는 것이 좋다.

menu

- 훈제오리샐러드
- 해물부추잡채
- 갈비찜
- 된장찌개
- 알배추겉절이
- 복숭아컴포트

한식 상차림의 단골 메인 메뉴

갈비찜

재료

찜용 갈비 1㎏, 불린 표고버섯 5장, 무 400g, 당근 200g, 밤 10개, 대추 10개, 은행 10개, 잣 약간

국물재료 생수 4컵, 생강 1톨, 통후추 ½작은술, 마늘 3알, 대파 1대

양념 배즙 10큰술, 양파즙 7큰술, 청주 5큰술, 간장 4큰술, 맛술 1½큰술, 설탕 1큰술, 국간장 1큰술, 다진 마늘 2큰술, 다진 대파 1½큰술, 꿀 2큰술, 참기름 1큰술, 깨소금 1큰술, 후춧가루 약간

만들기

1. 갈비는 찬물에 5시간 정도 담가 핏물을 빼 넉넉한 끓는 물에 데친 후 다시 헹궈 체에 밭친다.
2. 냄비에 국물재료를 모두 넣고 끓이다 체에 밭쳐둔 갈비를 넣고 중불에서 1시간 정도 끓인 후 면보에 밭쳐 고기와 국물을 따로 받는다.
3. 무와 당근은 조금 두껍게 토막을 낸 후 찍기로 예쁘게 찍어 준비하고, 표고버섯은 어슷썬다.
4. 밤은 속껍질까지 까고, 대추는 씨를 제거한다. 은행은 오일을 살짝 두른 팬에 볶아 껍질을 벗긴다.
5. 양념에 갈비와 무를 30분 정도 재웠다가 받아놓은 ②의 갈비 국물과 함께 중불에 끓인다.
6. 갈비가 조려지면 당근, 밤, 표고버섯, 대추를 넣고 중약불로 익혀 당근과 밤이 익으면 은행을 넣고 불을 끈다.
7. 그릇에 갈비찜을 담고 위에 잣을 올린다.

건강과 맛을 고려한 엄마표

훈제오리샐러드

재료

훈제오리 200g, 루콜라 100g, 방울토마토 8알, 거봉 10알, 자몽 1개, 매실절임 적당량, 구운 아몬드 적당량, 발사믹크림 약간

소스 유자청 4큰술, 식초 1큰술, 레몬즙 3큰술, 꿀 4작은술, 소금 ⅔작은술, 후춧가루 약간, 올리브오일 3큰술

만들기

1. 훈제오리는 팬에 살짝 굽는다.
2. 루콜라는 씻은 후 물기를 털어내고 먹기 좋은 크기로 자른다.
3. 방울토마토와 거봉은 씻어서 2등분한다.
4. 자몽은 껍질은 벗기고 과육만 잘라낸다.
5. 소스는 오일이 겉돌지 않게 잘 저어 섞는다.
6. 위의 모든 재료에 소스를 넣고 버무린다.
7. 매실절임과 아몬드를 위에 올리고 발사믹크림을 뿌려 낸다.

Tip_ 루콜라를 사용하세요.

훈제오리샐러드는 가급적 루콜라를 사용하는게 좋아요. 루콜라의 쌉싸름한 맛과 유자청소스의 달콤한 맛이 잘 어울립니다.

잔치상에 빠지지 않는

해물부추잡채

재료

당면 200g, 포도씨오일 적당량, 소금 적당량, 후춧가루 약간

당면양념장 간장 2½~3큰술, 설탕 1큰술, 맛술 1큰술, 청주 1큰술, 물엿 1큰술, 포도씨오일 1큰술, 참기름 1작은술

해물 전복 2마리, 관자 2개, 새우 200g, 홍합살 200g

채소 오이 1개, 홍고추 2개, 청고추 2개, 새송이버섯 3개, 영양부추150~200g

만들기

1. 당면은 물에 30분 정도 불린 후에 먹기 좋은 길이로 자른다. 끓는 물에 4분 정도 삶아서 찬물에 헹군 후 체에 밭친다. 당면양념장을 끓이다가 삶은 당면을 넣고 당면양념장이 스며들 때까지 조리듯이 볶아서 꺼낸다.
2. 오이는 채썰어 소금을 넣고 절인 후 물기를 짠다.
3. 영양부추는 4~5㎝ 길이로 썰고, 청 · 홍고추는 씨를 빼고 채썬다. 새송이버섯도 채썬다.
4. 오일을 살짝 두른 팬에 채소들을 각각 볶다가 소금과 후춧가루로 간한다.
5. 전복과 관자는 얇게 저민 후 살짝 볶는다. 홍합살과 새우도 볶는다.
6. 위의 모든 재료를 잘 버무린다.

엄마 손맛이 느껴지는

된장찌개

재료

쇠고기 50g, 멸치국물 2~2½컵, 감자 1개, 양파 ½개, 애호박 ½개, 두부 ½모, 표고버섯 3개, 홍고추 ½개, 청양고추 1~2개

쇠고기양념 된장 1½~2큰술, 고춧가루 1~1½작은술, 다진 마늘 1작은술, 멸치국물 2큰술

만들기

1. 감자와 애호박, 양파, 두부, 표고버섯은 먹기 좋은 크기로 썬다.
2. 뚝배기에 분량의 양념에 재운 쇠고기를 볶다가 멸치국물을 넣는다.
3. 멸치국물이 끓으면 감자를 넣어 끓이다가 두부, 양파, 애호박, 버섯, 어슷썬 청·홍고추 순으로 넣어 한소끔 끓인다.

Tip_ 멸치국물 만들기

1. 멸치 한줌을 마른 팬에 볶다가 마른 새우 반줌, 다시마 10×10㎝, 생수10컵을 넣고 끓이다가 끓기 시작하면, 다시마는 건져낸다.
2. 15분 정도 중약불에 더 끓인 후 체에 밭쳐 국물만 받는다.

갓 담아 신선하고 아삭아삭한

알배추겉절이

재료

알배추 800g, 쪽파 10줄기, 굵은 소금 60g

양념 고춧가루 80g, 물엿 1큰술, 까나리액젓 3큰술, 설탕 1큰술, 새우젓 1½큰술, 다진 마늘 1큰술, 생강 ½큰술, 배즙 3큰술, 양파 간 것 2큰술, 통깨 1큰술

찹쌀풀 생수 ½컵 + 찹쌀가루 2큰술

만들기

1. 배추는 깨끗이 씻은 후 먹기 좋은 크기로 썰어 소금에 40분 정도 절인다. 절인배추는 2~3번 가볍게 헹구어 체에 밭친다.
2. 찹쌀풀은 끓여 식힌 후에 나머지 양념 재료를 넣고 섞는다.
3. 물기를 뺀 배추는 양념에 버무리다 5㎝ 길이로 썬 쪽파를 넣어 다시 한 번 버무린다.

깔끔한 마무리

복숭아콤포트

재료

복숭아 1.8㎏, 생수 7컵, 설탕 1컵, 소금 1작은술

만들기

1. 복숭아 껍질을 벗기고 큼직하게 썬다.
2. 생수와 설탕, 소금, 복숭아와 함께 냄비에 넣고 끓기 시작하면 뚜껑을 닫고 중불에서 20~25분 끓인다.
3. 뜨거울 때 병에 담아 뚜껑을 닫고 거꾸로 놓아 진공 상태로 만든 후 냉장고에 보관한다.

2% 센스로 200% 완성하는
상차림 Tip

엄마의 혼수 그릇 세트로 장식

결혼을 축하하는 자리인만큼 그릇 역시 세월을 보여주는 부모님의 세트 그릇을 사용한다. 부모님이 결혼할 때 혼수로 준비했던 그릇을 사용해 의미를 더한다.

대를 이어 온 은수저 세트

나의 부모님이 결혼할 때 혼수로 준비해 온 은수저 세트도 새가족이 되는 며느리와 사위에게는 큰 의미를 줄 수 있다.

웰컴 카드

가족이 된 것을 축하한다는 기쁜 마음을 담은 짧은 메시지를 자리에 올려 놓는다. 이런 작은 센스를 더해준다면 더 큰 감동을 줄 수 있다.

마음을 담은 작은 선물, 전해지는 큰 감동

며느리나 딸에게 앞치마나 바늘꽂이와 같은 정성이 담긴 선물을 준비한다. 어마어마한 선물이 아니더라도 선물을 받은 며느리나 딸은 어머니의 배려에 코끝이 찡해짐을 느낄 것이다. 선물과 함께 아름다운 꽃과 같이 장식해 테이블에 올려두면 감동은 배가 된다.

손수 집에서 만든 과일저장요리

가족들이 좋아하는 디저트로 사시사철 먹을 수 있는 그 집의 엄마표 과일저장요리를 선보인다.

PART 5.

이색테마 상차림

손님을 초대해서 맛있는 밥을 한 끼 대접하는 것 만큼

마음이 풍요로운 일이 또 있을까요?

정해진 기념일이나 매년 돌아오는 이벤트 날보다 특별한 날을 만들어 사랑하는 사람을 초대해 보세요.

그만큼 더 특별한 추억을 만들 수 있습니다.

» 엄마의 사랑을 먹는다! **엄마표 도시락 파티**

» 때로는 색다름을 즐기고 싶다! **이색 막걸리칵테일 파티**

» 다양한 다과와 홍차를 즐기는 **애프터눈 티 파티**

엄마의 사랑을 먹는다!

엄마표 도시락 파티

바쁘게 살다보면 어릴 적 엄마가 싸주는 소박한 도시락이 그리울 때가 있죠.

지금은 계시지 않아 먹을 수도 없는 엄마표 반찬,

이제 엄마가 된 지금, 엄마의 반찬을 직접 만들어 옛 추억을 회상해 보는 건 어떨까요?

가족끼리, 친구끼리 근처 야외에서 엄마표 도시락을 먹으며

바쁜 일상에서 잠시 쉬어갈 수 있는 특별한 날을 만들어 보세요.

Check List

반찬 리스트 준비할 것

화려하고 고급스러운 메뉴는 사절. 어렸을 때 먹었던 반찬이 뭐가 있었는지 미리 생각해 보며 리스트를 준비한다.

조금씩 다양하게 준비할 것

비록 음식은 도시락이지만 함께 모여 먹는 작은 파티임에는 분명하다. 한 가지 메뉴로 똑같이 준비하기보다는 추억의 반찬을 다양하게 준비해 골고루 맛볼 수 있도록 한다.

김치볶음

재료

묵은 김치 ¼포기, 양파 ½개, 멸치국물 ¼컵, 통깨 1작은술

볶음양념 포도씨오일 1큰술, 들기름 1큰술, 고춧가루 1큰술, 다진 마늘 ½작은술, 설탕 1작은술, 참치액젓 ½작은술

만들기

1. 김치는 양념을 털어내고 물에 씻어 물기를 짠 후에 먹기 좋은 크기로 썬다. 양파는 채썬다.
2. 김치에 볶음양념을 넣고 조물조물 무친다.
3. 냄비에 김치와 양파를 넣고 볶는다.
4. 멸치국물을 넣고 약불에 국물이 자작할 때까지 볶다가 통깨를 넣어 마무리한다.

소시지케첩볶음

재료

비엔나소시지 20알, 양파 ½개, 청피망 ⅔개, 포도씨오일 1~2큰술, 소금 약간, 후춧가루 약간, 케첩 2~3큰술

만들기

1. 소시지는 옆부분에 칼집을 넣는다.
2. 양파와 피망은 먹기 좋은 크기로 썬다.
3. 달구어진 팬에 오일을 두르고 양파와 소시지를 넣고 볶는다. 칼집을 넣은 부분이 벌어지기 시작하면 소금과 후춧가루로 간을 한 후에 케첩을 넣고 볶는다.
4. 피망을 넣고 다시 볶다가 소금으로 간을 한다.

감자조림

재료

감자 400g, 소금 1작은술, 후춧가루 약간, 송송 썬 쪽파 2큰술

조림양념 간장 5작은술, 청주 ½큰술, 설탕 1작은술, 포도씨오일 1큰술, 꿀 1작은술

만들기

1. 감자는 1.5×1.5㎝ 크기로 깍둑썰기한 후에 소금과 후춧가루에 버무려 전자레인지에 5분 정도 살캉하게 익힌다.
2. 조림양념을 냄비에 넣고 끓으면 살캉하게 익힌 감자를 넣고 조린다.
3. 감자가 조려지면 쪽파를 넣고 잘 섞는다.

마른새우볶음

재료

마른 새우 50g, 맛술 1½큰술, 송송 썬 쪽파 1큰술, 통깨 ½큰술

볶음양념 고추기름 1½큰술, 물엿 1½큰술, 간장 ½큰술, 청주 ½작은술, 맛술 ½작은술, 설탕 ½작은술,

만들기

1. 마른 팬에 마른 새우를 볶다가 맛술을 뿌려 잡냄새를 날린다.
2. 볶음양념 재료를 팬에 넣고 자글자글 끓이다가 볶아 놓은 새우를 넣고 재빨리 볶는다.
3. 뜨거울 때 쪽파와 통깨를 넣고 버무린다.

감자채볶음

재료

감자 2개(400g), 소금 1작은술, 양파 ¼개, 풋고추 1개, 게맛살(크래미) 4개, 포도씨오일 1½큰술, 참기름 ½작은술, 후춧가루 약간, 통깨 약간

만들기

1. 감자는 가늘게 채썰어 소금에 30분 정도 절인 후 물에 두세 번 헹궈 꼭 짠다.
2. 풋고추는 꼭지를 떼고 길이로 반 갈라 씨를 빼고 어슷하게 채썬다. 게맛살은 손으로 잘게 찢는다. 양파도 채썬다.
3. 달군 팬에 오일 1큰술을 두르고 감자와 양파가 투명해질 때까지 볶아 덜어 둔다.
4. ③의 팬을 다시 달궈 남은 오일 ½큰술을 두르고, 고추와 게맛살을 넣고 살짝 볶는다.
5. 볶은 감자를 다시 넣고 참기름, 후춧가루, 통깨를 넣어 잘 섞는다.

메추리알조림

재료

메추리알 50알, 마늘 5알

조림양념 생수 1¼컵, 간장 5½ ~ 6큰술, 설탕 1큰술

만들기

1. 메추리알은 삶아서 껍질을 깐다.
2. 냄비에 메추리알과 조림양념을 넣고 끓이다가 중불에 끓여서 색을 낸다.
3. 메추리알에 색이 들면 마늘을 편으로 썰어 넣고 10분 정도 더 끓인다.

우엉당근조림

재료

우엉 200g, 당근 100g, 포도씨오일 2큰술, 참기름 1큰술, 통깨 약간

조림양념 청주 4큰술, 황설탕 3큰술, 간장 2큰술, 맛술 2큰술, 소금 약간, 포도씨오일 약간

만들기

1. 우엉과 당근은 가는 채를 썬다.
2. 달구어진 팬에 포도씨오일과 참기름, 채썬 우엉과 당근을 넣고 슬쩍 볶다가 조림양념을 넣고 국물이 거의 없어질 때까지 조린다.
3. 통깨를 넣고 섞은 후 불을 끈다.

오징어채오이무침

재료

오징어채 100g, 오이 2개, 소금 1작은술, 설탕 1작은술, 참기름 ½큰술, 통깨 1큰술

무침양념 고춧가루 2큰술, 간장 ½큰술, 매실청 ½큰술, 꿀 1큰술, 다진 파 1큰술, 고추장 70g, 식초 2작은술, 설탕 1큰술, 다진 마늘 ½큰술

만들기

1. 오이는 반 갈라 씨를 빼고 어슷썰어 소금과 설탕에 10분 정도 절였다가 물에 살짝 헹구어 물기를 꼭 짠다.
2. 오징어채는 먹기 좋은 크기로 잘라 김오른 찜기에 살짝 찐다.
3. 무침양념에 오징어채를 먼저 버무리고 오이를 넣어 무친 뒤 참기름과 통깨를 넣는다.

멸치볶음

재료

잔멸치 100g, 맛술 1작은술, 통깨 약간

볶음양념 간장 2작은술, 포도씨오일 2큰술, 설탕 3~4작은술, 청주 ½작은술, 고춧가루 1작은술, 참기름 1작은술, 후춧가루 약간, 물엿 1큰술

만들기

1. 잔멸치는 마른 팬에 볶으면서 수분을 날린 후 맛술을 뿌리고 꺼낸다.
2. 볶음양념 재료는 분량대로 미리 섞는다.
3. 볶음양념 재료를 팬에 넣고 자글자글 끓인 후에 멸치를 넣고 섞다가 통깨를 뿌린다.

실오징어채볶음

재료

실오징어채 50g, 맛술 1큰술, 통깨 1큰술

볶음양념 고추기름 1큰술, 간장 ½큰술, 맛술 1작은술, 설탕 2~3작은술

만들기

1. 마른 팬에 실오징어채를 넣고 볶다가 맛술을 뿌려 잡내를 날린 후 꺼낸다.
2. 팬에 볶음양념을 넣고 자글자글 끓이다가 실오징어채를 넣고 버무리듯이 볶는다.
3. 뜨거울 때 통깨를 넣고 다시 한 번 볶는다.

미트볼조림

재료

다진 돼지목살 300g, 카놀라유 적당량

고기양념 다진 양파 3큰술, 다진 마늘 1큰술, 생강즙 약간, 간장 1작은술, 소금 약간, 후춧가루 약간, 빵가루 50g

조림양념 고추기름 1큰술, 다진 양파 2큰술, 다진 마늘 1작은술, 케첩 3큰술, 설탕 2큰술, 물엿 1큰술, 핫칠리소스 1큰술, 간장 1작은술

만들기

1. 다진 돼지목살에 고기양념을 넣고 잘 치댄 후에 동그랗게 빚는다.
2. 170℃ 카놀라유에 노릇하게 튀긴다.
3. 팬에 고추기름을 넣고 다진 양파와 마늘을 볶다가 나머지 조림양념을 넣어 끓인다.
4. 조림양념이 끓으면 튀겨 놓은 미트볼을 넣고 조린다.

무말랭이조림

재료

무말랭이 100g, 포도씨오일 1큰술, 들기름 1큰술, 다진 마늘 1큰술, 두반장 1큰술, 물엿 1큰술, 통깨 약간

조림양념 간장 4큰술, 설탕 1~1½큰술, 고춧가루 2큰술, 고추장 2큰술, 맛술 3큰술, 청주 3큰술

만들기

1. 무말랭이는 찬물에 바락바락 세 번 정도 씻은 후 체에 밭쳐 불린다.
2. 달구어진 팬에 포도씨오일과 들기름, 다진 마늘을 넣고 볶다가 두반장을 넣고 볶는다.
3. 조림양념을 넣고 바글바글 끓으면 불린 무말랭이를 넣고 중약불에 조린다.
4. 조림양념이 무말랭이에 다 배어들면 물엿을 넣고 다시 한 번 버무린 후에 통깨를 뿌린다.

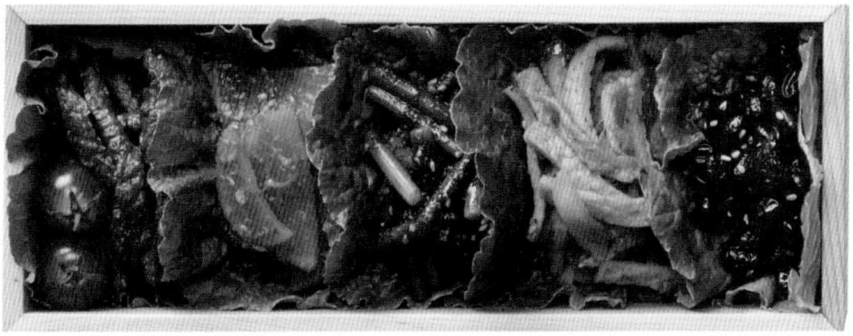

마늘쫑무침

재료

마늘쫑 250g, 소금 약간

무침양념 고추장 2큰술, 고춧가루 1큰술, 간장 ½큰술, 물엿 2큰술, 깨소금 1큰술, 식초 ½큰술, 소금 1작은술

만들기

1. 마늘쫑은 깨끗이 씻어 3~4㎝ 길이로 자른다.
2. 소금을 넣은 끓는 물에 마늘쫑을 넣어 한 번 우르르 끓으면 꺼내서 얼음물에 담갔다가 체에 밭쳐 물기를 뺀다.
3. 물기를 빼놓은 마늘쫑에 무침양념을 넣고 잘 버무린다.

쇠고기볶음

재료

쇠고기 100g, 설탕 ½큰술, 배즙 ½큰술, 참기름 ¼큰술, 꿀 1큰술

조림양념 간장 2작은술, 다진 마늘 1작은술, 후춧가루 약간

만들기

1. 쇠고기는 굵게 채썬다.
2. 쇠고기에 설탕, 배즙, 참기름을 넣고 20분 정도 재운다.
3. 재웠던 쇠고기에 조림양념을 넣고 국물이 거의 없어질 때까지 조린다.
4. 꿀을 넣고 센불에 다시 한 번 볶는다.

어묵볶음

재료

어묵 200g, 양파 ½개, 송송 썬 쪽파 3큰술, 통깨 약간

볶음양념 간장 1~1½큰술, 포도씨오일 3~3½큰술, 다진 마늘 ½작은술, 고춧가루 ½작은술, 깨소금 1작은술, 설탕 ½~1작은술

만들기

1. 어묵은 4×1㎝ 길이로 썰어 끓는 물을 부어 샤워를 시킨 후 체에 밭친다.
2. 양파는 채썬다.
3. 팬에 어묵과 양파, 볶음양념을 넣고 잘 버무린다.
4. 중약불에 양념이 잘 어우러지도록 볶는다.
5. 5~10분 정도 볶다가 쪽파를 넣는다. 쪽파가 잘 어우러지면 통깨를 넣고 불을 끈다.

매콤단무지무침

재료

단무지 350g, 설탕 1큰술, 청양고추 5개

양념 고춧가루 20g, 다진 마늘 1큰술, 다진 파 2큰술, 참기름 2큰술, 통깨 2큰술, 참치액젓 ½작은술

만들기

1. 단무지는 반달 모양으로 썰어서 설탕에 버무린다.
2. 청양고추는 길이로 2등분해 씨를 빼고 채썬다.
3. ①의 단무지에 고춧가루를 넣어 먼저 버무리다가 나머지 양념과 채썬 청양고추를 넣고 버무린다.

콩자반

재료

콩 1컵, 생수 3 ~3½컵, 들기름 ½큰술, 간장 5큰술, 설탕 1큰술, 물엿 1큰술, 통깨 1큰술

만들기

1. 콩은 물에 살짝 씻어서 체에 건진다.
2. 냄비에 콩과 생수, 들기름을 넣고 끓인다. 끓게 되면 중간불로 콩이 익을 때까지 끓인다.
3. 콩이 익으면 간장, 설탕을 넣고 국물이 자작해질 정도로 끓인다.
4. 물엿을 넣고 버무린 다음 불을 끄고 통깨를 뿌린다.

PASTEURIZED
2 LBS. NET
AMERICAN
CHEESE

2% 센스로 200% 완성하는 상차림 Tip

천조각으로 싼 도시락

도시락은 각각 다양한 모양의 천조각으로 싸서 어릴 적 들고 다녔던 도시락을 연상시킨다. 추억놀이에 도움이 된다.

채소를 이용한 도시락 칸막이

도시락 한 통에 다양한 반찬을 조금씩 담기 위해 플라스틱이나 은박지를 사용하는 대신 먹을 수 있는 깻잎이나 상추 등을 이용한다. 보기에도 좋고 환경까지 생각하는 아이디어를 활용한다.

소스병에 담은 미소된장국

국물은 한 사람씩 먹기 좋게 유리로 된 요거트 병이나 소스병 등을 활용해 담는다. 보관도 쉽고 야외에서 각자 먹기에도 편리하다.

레몬 한 조각을 넣은 피크닉용 물티슈

손씻기가 어려운 야외에서 유용하게 사용할 수 있는 물티슈. 키친타월을 물에 적신 후 레몬 한 조각을 넣어 싸면 손도 닦을 수 있고 살균소독의 효과까지 있다.

때로는 색다름을 즐기고 싶다!

이색 막걸리칵테일 파티

한국인 뿐 아니라 외국인들에게도 인기가 많은 막걸리.

요즘에는 다양한 칵테일막걸리를 마실 수 있는 곳이 생기면서 막걸리 바도 인기가 많습니다.

특별한 손님이나 남편의 외국인 바이어 손님 등을 집에 초대할 때

한국의 맛을 전하면서도 특별함을 선물하고 싶을 때

막걸리칵테일만큼 좋은 아이템은 없습니다.

Check List

안주는 전통적인 것으로 준비할 것

막걸리에 퓨전의 맛을 더했기 때문에 안주만큼은 전통적인 메뉴로 선택할 것. 막걸리와 안주를 둘 다 전통적으로 준비하거나 둘 다 퓨전으로 준비하면 상차림이 재미없다.

국물요리는 최대한 배제할 것

막걸리만으로도 충분히 배가 부르기 때문에 안주는 국물을 배제한 간단한 것으로 준비한다. 무침이나 지짐 등과 같이 국물 없는 메뉴가 잘 어울린다.

최대한 심플하고 소박하게 차려낼 것

막걸리 상차림은 화려하고 다양한 음식보다는 소박하다 싶을 정도로 준비하는 것이 좋다. 스타일링보다는 그릇이나 소반 등의 소품 활용 정도면 충분하다.

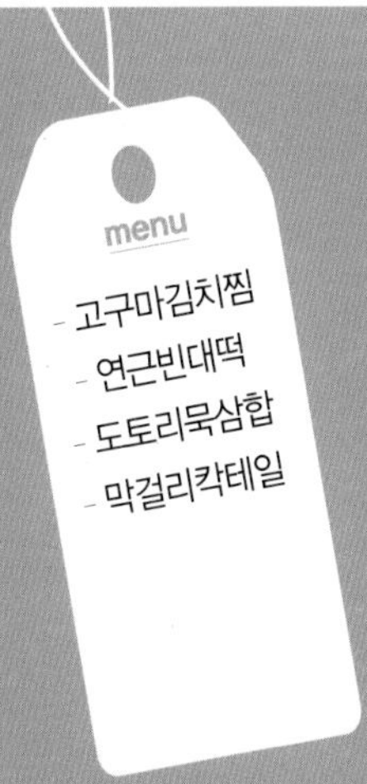

매콤하고 달콤한

고구마김치찜

재료

돼지고기 목살 300g, 김치 500g(¼포기), 고구마 2개, 표고버섯 5개, 양파 ¼개, 고춧가루 1작은술, 멸치국물 2½컵, 김치국물 ½컵, 대파 1대, 청양고추 1개, 홍고추 1개

돼지고기밑간 생강술 1큰술, 다진 마늘 1작은술, 후춧가루 약간

김치밑간 들기름 3~4큰술, 설탕 약간

만들기

1. 돼지고기는 3×5㎝ 크기로 썰어 밑간에 재운다.
2. 김치는 머리 부분을 잘라 양념을 털어내고 들기름에 버무린다.
3. 고구마는 손가락크기로 썬다. 표고버섯은 2~3등분한다. 양파는 굵게 채썰고 대파, 청 · 홍고추는 어슷썬다.
4. 밑간을 한 김치에 돼지고기, 고구마, 표고버섯을 넣고 돌돌 만다.
5. 냄비에 굵게 채썬 양파를 깔고 그 위에 ④를 올린 후에 고춧가루를 뿌린다.
6. 멸치국물과 김치국물을 넣고 끓으면 중불에서 30~40분 정도 끓인다.
7. 청양고추와 홍고추, 대파를 넣고 한소끔 끓인다.

영양만점 건강 안주

연근빈대떡

재료

연근 300g, 소금 ½작은술, 달걀 2개, 느타리버섯 100g, 오징어 1마리, 다진 양파 3큰술, 쪽파 50g, 홍고추 2개, 청양고추 5~7개, 부침가루 100g, 포도씨오일 적당량

만들기

1. 연근은 너무 곱지 않게 카터에 간다.
2. 느타리버섯은 소금을 약간 넣은 끓는 물에 데친 후 체에 밭쳐 물기를 빼고 잘게 다진다. 오징어는 껍질을 벗기고 잘게 다진다. 쪽파는 송송 썰고, 청양고추와 홍고추는 다진다.
3. 모든 재료를 고루 섞는다.
4. 달구어진 팬에 오일을 두르고 먹기 좋은 크기로 올려 노릇하게 부친다.

Tip_ 오징어 다지기

오징어가 미끄러워 다지기 힘들 때에는 냉동실에 살짝 얼렸다 다지면 잘 다져집니다.

막걸리와 찰떡궁합

도토리묵삼합

재료

도토리묵 1모, 깻잎 10장, 우엉 1대, 들깨가루 ½큰술, 차돌박이 20장

차돌박이밑간 간장 1작은술, 배즙 1작은술, 청주 1작은술

양념장 고춧가루 4작은술, 간장 4작은술, 까나리액젓 1작은술, 매실청 4작은술, 들기름 ½큰술, 통깨 ½큰술, 다시마국물 2큰술

만들기

1. 깻잎은 가늘게 채썰고, 우엉도 가늘게 채썰어 물에 담갔다가 키친타월로 물기를 닦는다.
2. 차돌박이는 밑간을 한 후에 팬에 굽는다.
3. 분량의 재료를 섞은 양념장은 미리 만든다.
4. 도토리묵은 먹기 좋은 크기로 썰어 양념장을 올리고 위에 들깨가루를 뿌린다.
5. 우엉채, 깻잎채, 차돌박이를 도토리묵과 같이 담아낸다.

Tip_ 다시마국물 만들기

1. 다시마 10×10㎝를 젖은 키친타월로 불순물을 닦아 냅니다.
2. 생수 5컵에 다시마를 넣고 끓이다가 끓기 시작하면, 다시마는 건져내고 3분 정도 더 끓입니다.
3. 생수에 다시마를 두 시간 이상 담가 놓았다가 쓰기도 합니다.

색깔대로 골라먹는 재미가 있는

막걸리칵테일

홍초막걸리(핑크사워)

재료

막걸리 1컵, 석류홍초 ¼컵

만들기

1. 막걸리를 컵에 붓고 홍초를 살며시 붓는다.
2. 흰색과 핑크색으로 층을 이룬다.

키위막걸리

재료

막걸리 1컵, 키위 1~2개, 설탕 1큰술, 사이다 ½컵

만들기

1. 막걸리와 키위를 믹서에 넣고 살짝 간 후에 설탕과 사이다를 넣고 잘 섞는다.

유자막걸리

재료

막걸리 2컵, 사이다 1컵, 유자청 2큰술

만들기

1. 모든 재료를 잘 섞는다.

딸기막걸리

재료

막걸리 1컵, 딸기 3~4알, 사이다 ½컵

만들기

1. 막걸리와 딸기를 믹서에 넣고 잘 간 후에 사이다를 넣고 잘 섞는다.

2% 센스로 200% 완성하는 상차림 Tip

전통적인 느낌의 소품들

나무젓가락, 나무 채반 등 나무 소재로 만든 전통적인 소품을 활용해 전통적인 술상의 분위기를 연출한다.

다양한 크기와 모양의 유리병

칵테일막걸리만큼은 전통적인 술병이 아닌 유리병에 담는다. 다양한 색깔이 그대로 드러나게 담는 것 자체가 스타일링이 될 뿐 아니라 퓨전의 느낌을 살려준다.

멋스러운 분위기를 자아내는 소반을 이용

막걸리 술상만큼은 의자 대신 바닥에 앉아 마실 수 있게 준비한다. 식탁도 넓은 밥상도 아닌 작고 소박한 소반 하나면 멋스러운 분위기에서 막걸리를 마실 수 있다.

다양한 다과와 홍차를 즐기는

애프터눈 티 파티

카페와 먹거리 문화가 다양해지고 있죠?

아침과 점심 사이에 즐기는 식사를 뜻하는 '브런치'가 있다면

점심과 저녁 사이에 즐기는 '애프터눈 티'가 요즘 유행하고 있습니다.

다양한 다과와 홍차를 즐기는 티타임이 늘면서 모임 뿐 아니라 미팅이나 간단한 회의도

애프터눈 티를 즐기면서 한다고 합니다.

영국에서 시작된 애프터눈 티, 집에서 즐겨보는 건 어떨까요?

Check List

아늑한 공간에 스타일링 할 것

애프터눈 티는 함께 모인 사람들이 친근감 있는 대화를 나누는 시간에 더 큰 의미가 있다. 음식냄새나는 주방보다는 푹신한 소파와 낮은 테이블이 있는 거실에 차리는 것이 좋다. 가장 아끼는 도자기와 실버웨어를 꺼내어 우아하고 화려하게 티테이블을 꾸며보자.

식후 시간으로 파티 시간을 잡을 것

애프터눈 티는 이름 그대로 오후에 즐기는 티타임이다. 식사를 해결하는 파티가 아니기 때문에 식사 시간이 지난 오후로 시간을 정하고, 메뉴 역시 스콘, 비스킷, 아주 간단한 샌드위치 등의 가벼운 메뉴들로 준비한다.

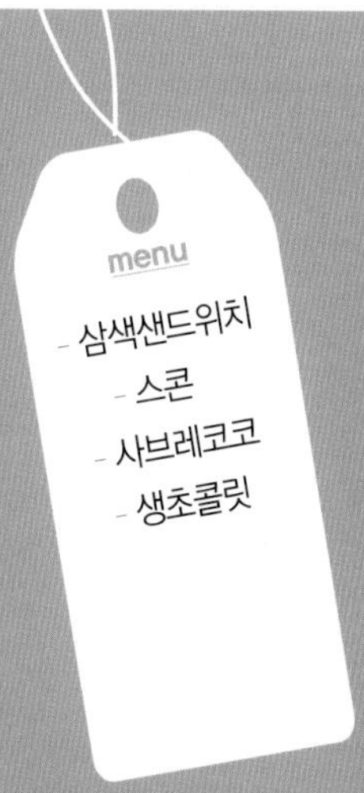

샌드위치 3종 세트

삼색샌드위치

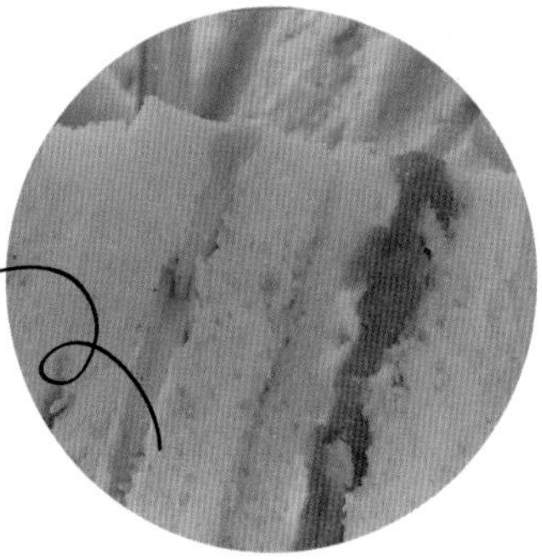

오이샌드위치

재료

샌드위치 식빵 2장, 오이 ⅓개, 레몬즙 약간, 소금 약간, 후춧가루 약간, 버터 적당량

만들기

1. 실온에 두어 부드러워진 버터를 식빵 한 면에 얇게 펴 바른다.
2. 오이는 0.2㎝ 두께로 길게 슬라이스한다.
3. 버터 바른 빵 위에 오이를 올리고 소금, 후춧가루, 레몬즙을 살짝 뿌린 후에 나머지 빵으로 덮는다.

훈제연어샌드위치

재료

샌드위치 식빵 2장, 크림치즈 1큰술, 훈제연어 100g, 버터 적당량, 레몬즙 약간, 굵은 후춧가루 약간

만들기

1. 식빵 2장 모두 한 면에 얇게 버터를 바르고, 크림치즈는 식빵 1장 한 면에만 펴바른다.
2. 크림치즈를 바른 면에 훈제연어를 올리고 레몬즙과 후춧가루를 뿌린 후에 나머지 빵으로 덮는다.
3. 연어샌드위치는 되도록이면 꾹 눌러 20분 정도 차게 두었다가 썬다.

에그샌드위치

재료

샌드위치 식빵 2장, 완숙 달걀 2개, 마요네즈 1큰술, 레몬즙 1작은술, 버터 적당량, 후춧가루 약간

만들기

1. 실온에 두어 부드러워진 버터를 식빵 한 면에 얇게 펴 바른다.
2. 삶은 달걀을 잘 으깨서 마요네즈와 레몬즙, 후춧가루를 넣고 버무린다.
3. 준비된 빵에 ②의 달걀을 충분히 바르고 나머지 빵으로 덮는다.
4. 샌드위치가 마르지 않도록 랩으로 잘 싸두었다가 테두리를 잘라내고 4~8등분한다.

스콘

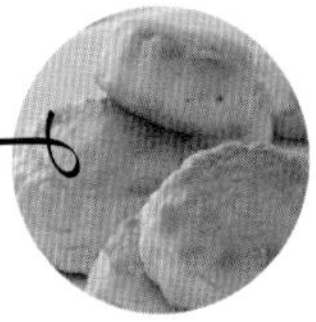

재료

강력분 175g, 박력분 75g, 베이킹파우더 6g, 소금 3g, 설탕 45g, 슈가파우더 25g, 버터 50g, 달걀 75g, 생크림 75g, 건포도 또는 건크랜베리 40g

만들기

1. 강력분과 박력분, 베이킹파우더, 소금은 체에 친다.
2. ①에 냉장 상태의 버터를 으깨면서 손으로 비빈다.
3. 나머지 재료를 넣고 한 덩어리로 뭉친다.
4. 밀대로 1.5~2㎝ 두께로 밀어서 먹기 좋은 크기로 썬다.
5. 잘 풀어놓은 달걀을 바른 후 예열된 190℃ 오븐에서 20분간 굽는다.

사브레코코

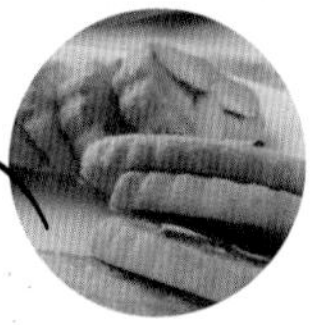

재료

버터 75g, 슈가파우더 40g, 달걀 15g, 바닐라에센스 약간, 박력분 90g, 아몬드파우더 75g, 코코넛가루 20g, 소금 약간, 아몬드슬라이스 적당량

만들기

1. 실온에 두었던 버터를 크림 상태로 풀어준 후 슈가파우더를 넣고 휘핑한다.
2. 달걀에 바닐라에센스를 넣고 휘핑한다.
3. 체친 아몬드파우더, 코코넛가루, 박력분을 섞어서 한 덩어리로 만든 후 냉장고에 1시간 정도 휴지시킨다.
4. 반죽을 3㎜ 두께로 밀어서 틀로 찍어낸 후 팬에 놓는다.
5. 소금을 약간 넣은 달걀을 ④의 반죽 위에 솔로 바른다.
6. 위에 아몬드슬라이스를 뿌리고 예열된 180℃ 오븐에서 20분간 굽는다.

생초콜릿

재료

다크초콜릿 200g, 생크림 100g, 물엿 10g, 코코아가루 적당량, 딸기가루 적당량, 녹차가루 적당량

만들기

1. 생크림을 중탕으로 바글바글 끓인다.
2. ①에 다크초콜릿을 넣고 잘 젓는다.
3. 물엿을 넣고 잘 녹인다.
4. 틀에 유산지를 깔고 부어서 차가운 곳에서 굳힌다.
5. 적당한 크기로 자른 후 코코아, 딸기, 녹차가루를 각각 묻힌다.

2% 센스로 200% 완성하는 상차림 Tip

작은 티테이블

넓은 식탁보다는 가급적 작은 테이블로 준비해 아늑한 분위기로 만든다.

엔티크 커트러리

영국식 애프터눈 티는 식기를 중요하게 여긴다. 주로 오래된 엔틱 제품을 사용하는데, 부모님 또는 할머니 대에 사용했던 식기를 사용하는 것도 고풍스러운 분위기를 내는 아이디어다. 티팟은 둥근 모양의 도자기 주전자, 티컵은 컵의 높이가 낮고 컵의 지름은 넓다.

유럽에서 쓰는 빵주머니

유럽에서는 빵주머니에 스콘, 바게트 등을 내놓기도 한다. 이런 소품으로 엔틱한 분위기를 연출한다.

Epilogue

유난히 더웠던 지난 여름,

10인의 요리선생님들은 온전히 이 책을 만드는 데 보냈습니다.

서울, 경기도, 강원도, 경주, 울산 등 전국 각지에 있는 선생님들이 일주일이 멀다하고 만나 회의하고, 메뉴 짜고, 소품 준비하고, 장소 섭외하고, 음식하고, 세팅하고… 더위를 먹어도 몇 번을 먹었을 힘들고 고된 시간들, 그렇게 여름을 보냈습니다.

그리고 책이 나오기를 노심초사 기다리며 하루하루를 보냈습니다.

레시피 하나하나도 꼼꼼하게 되짚어 보고, 필요한 정보가 빠졌는지 다시 한 번 체크해 보면서 책이 빨리 나오길 기다렸습니다.

10인의 요리 선생님 모두의 열과 성의를 담은 이 책이 세상에 나와 여러분에게 조금이라도 요리의 즐거움과 베푸는 행복에 도움이 되었으면 하는 마음뿐입니다.

Index

우리동네 인기 요리선생님 10인의 '꼭! 꼭!' 숨겨둔 비법 상차림 가이드

손님초대상부터 이색테마 상차림까지

내가 차린 **테마별 상차림 14가지**

초판 인쇄 2014년 3월 28일
초판 발행 2014년 3월 29일

지은이 곽향숙(경남 김해 장유 '쿠킹소반')
김남민(울산 '바닐라')
김지선(서울 잠원동 'good mother kitchen')
박경아(서울 청담동 'Kkong's Kitchen')
박민재(강원 춘천 '민재의 키친')
박은경(경기 일산 'Babsang Cooking')
염미애(경북 구미 '작업실 808')
원경숙(경기 부천 상동 'MaMa Cook')
이영희(서울 금호동 '나온 쿠킹')
최윤정(경북 경주 '홈베이커')

펴낸이 송인태
펴낸곳 네오이마주
출판등록 2005년 9월 5일 제16-3713호
기획 · 편집 · 디자인 네오이마주
주소 135-889 서울특별시 강남구 도산대로23길 7 **전화** 02-546-0633~4 **팩스** 02-546-0635 **E-mail** ssong2000@chol.com

이 도서의 국립중앙도서관 출판시도서목록(CIP)은 서지정보유통지원시스템 홈페이지(http://www.nl.go.kr)와
국가자료공동목록시스템(http://www.nl.go.kr/kolisnet)에서 이용하실 수 있습니다.
(CIP제어번호 : CIP2014009390)

ISBN 978-89-963353-1-3